KB179011

페르미가 들려주는 핵분열, 핵융합 이야기

페르미가 들려주는 핵분열, 핵융합 이야기

ⓒ 송은영, 2010

초　판　1쇄 발행일 | 2005년 7월 29일
개정판　1쇄 발행일 | 2010년 9월 1일
개정판 13쇄 발행일 | 2021년 5월 31일

지은이 | 송은영
펴낸이 | 정은영
펴낸곳 | (주)자음과모음

출판등록 | 2001년 11월 28일 제2001-000259호
주　　소 | 04047 서울시 마포구 양화로6길 49
전　　화 | 편집부 (02)324-2347, 경영지원부 (02)325-6047
팩　　스 | 편집부 (02)324-2348, 경영지원부 (02)2648-1311
e-mail　| jamoteen@jamobook.com

ISBN 978-89-544-2038-9 (44400)

페르미가 들려주는

핵분열, 핵융합
이야기

| 송은영 지음 |

㈜자음과모음

페르미를 꿈꾸는 청소년을 위한
'핵분열, 핵융합' 이야기

세상에는 두 부류의 천재가 있다고 합니다.

한 부류는 창의적인 사고가 너무도 기발하고 독창적이어서 우리 같은 평범한 사람들은 결코 따라갈 수 없는 천재입니다. 그리고 또 한 부류는 우리도 부단히 노력만 하면, 그와 같이 될 수 있을 것 같은 천재입니다.

앞의 예로는 아인슈타인이 대표적입니다. 이런 사람은 한 세기에 한 명 나올까 말까 한 천재적인 두뇌를 지니고 있는 천재로, 인류 문명에 새로운 물꼬를 혁명적으로 터 주었지요. 아인슈타인은 말할 것 없고, 우리도 될 수 있을 것 같은 천재들에게서 남다르게 나타나는 것은 '빛나는 창의적 사고' 입니다. 이런 취지로 창의적인 사고를 충분히 키울 수 있는 방향으로 글을 썼습니다.

여러분은 이 책을 통해 핵분열과 핵융합의 전반적인 내용을 접하게 될 것입니다. 핵분열과 핵융합은 모두 핵반응으로, 막대한 에너지를 방출한다는 공통점을 갖고 있습니다. 그러나 에너지를 만들어 내는 과정이 다르고, 그로부터 생성되는 결과물 또한 다릅니다. 그리고 이 책을 통해 페르미가 핵분열과 핵융합에 어떠한 기여를 했고, 무엇이 진실이고 거짓인지도 명확히 가늠할 수 있게 될 것입니다.

늘 빚진 마음이 들도록 한결같이 저를 지켜봐 주시는 여러분들과 이 책이 나오는 소중한 기쁨을 함께 나누고 싶습니다. 그리고 책을 예쁘게 만들어 준 (주)자음과모음 식구들에게 감사함을 전하고자 합니다.

송 은 영

차례

1

연쇄 반응의 가능성과
핵분열의 탄생

중성자 발견 이후 핵반응이 가능해졌는데,
핵분열을 일으키는 중성자의 위력은 얼마나 대단할까요?

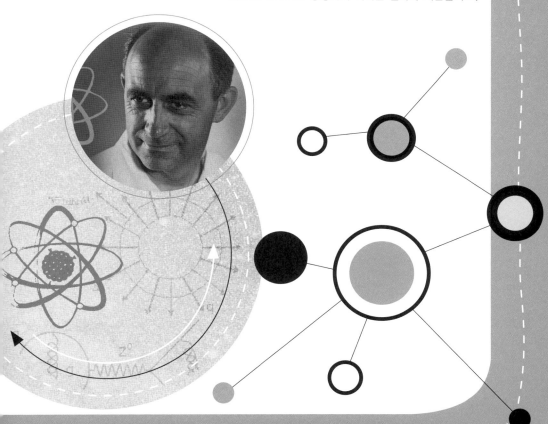

연쇄 반응의 가능성과
핵분열의 탄생

페르미가 앞으로의
수업에 대해 기대감을 나타내며
첫 번째 수업을 시작했다.

막대한 에너지

핵반응에는 핵분열과 핵융합이 있지요. 핵분열은 핵이 나누어지는 반응이고, 핵융합은 핵이 합쳐지는 반응입니다.

이러한 핵반응이 우리의 관심을 끄는 것은, 두말할 필요 없이 그로부터 방출되는 막대한 양의 에너지 때문입니다. 핵분열 에너지는 원자 폭탄과 원자력 발전이, 핵융합 에너지는 태양과 수소 폭탄이 그 위력의 대단함을 여실히 보여 주고 있습니다.

핵 연구의 선구자 중 한 사람인 영국의 소디(Frederick Soddy, 1877~1956)는 1903년 발표한 논문에서 이렇게 말했습니다. 소디는 1921년에 노벨 화학상을 수상했지요.

수소와 산소가 물 1g을 만들면서 내놓는 에너지는 1만 cal가 되지 않습니다. 반면에 라듐 1g이 붕괴하면서 내놓는 에너지는 10억 cal가 넘습니다. 실로 엄청난 차이가 아닐 수 없습니다. 지금까지 알려진 어떠한 화학 반응도 이와 같은 막대한 에너지를 방출한 적은 없습니다.

그렇습니다. 방사성 원소가 붕괴하면서 내놓는 에너지는 화학 반응에 비해 실로 엄청납니다. 핵반응은 화학 반응보다

평균적으로 1,000만 배나 많은 에너지를 내놓지요.

방사성 원소란 말 그대로 방사선을 내놓는 원소를 말하지요. 라듐, 우라늄, 토륨 등이 대표적인 원소입니다.

방사성 원소

방사성 원소는 각각의 특성에 따라서 알파 방사선, 베타 방사선, 감마 방사선을 내놓지요.

알파 방사선은 베타 방사선보다 7,000배 이상 무겁습니다. 게다가 전기까지 띠고 있어서 공기 중의 여러 입자와 반응해서 적잖은 에너지를 잃어버리지요. 그러니 멀리 나아가려고 해도 나아갈 수가 없습니다.

　알파 방사선이 공기 중에서 나아가는 거리는 수 cm 정도
이지요. 게다가 알파 방사선은 종이 한 장으로도 차단이 가
능하답니다. 그래서 알파 방사선은 그다지 해를 끼치지 못하
지요. 그러나 알파 방사선이 음식물이나 호흡기를 통해서 인
체로 들어오면 사정은 달라집니다. 인체에 심각한 피해를 줄
수가 있지요.

　베타 방사선은 알파 방사선보다 가볍고 전기도 약하게 띱
니다. 그래서 알파 방사선만큼 공기 중의 입자와 많이 반응
하지 않아서 종이 정도는 거뜬히 뚫고 수 m까지 날아갑니다.
알루미늄 판은 뚫고 지나가질 못하지만 베타 방사선도 과다
하게 쪼이면 위험해집니다.

감마 방사선은 알파 방사선이나 베타 방사선과는 달리 질량도 없고 전기도 띠지 않습니다. 그래서 웬만한 물체는 거침없이 뚫고 지나가지요. 방사선이 두려운 것은 바로 감마 방사선의 강력한 투과력 때문입니다. 그러나 감마 방사선도 두꺼운 콘크리트 벽 앞에서는 무릎을 꿇는답니다.

라듐과 우라늄은 알파 방사선을, 토륨은 베타 방사선을 내놓지요. 그리고 감마 방사선만을 따로 내놓는 방사성 원소는 없습니다. 감마 방사선은 알파 방사선과 베타 방사선이 나오면 뒤따라서 나온답니다.

방사성 원소는 막대한 에너지를 내놓지만, 그것이 한두 번의 단발적인 현상으로 그쳐서는 폭발적인 에너지를 내기가 어렵습니다. 방사성 원소의 에너지가 쓸모 있는 위력을 발휘하려면, 붕괴 반응이 연이어 이어져야 하지요. 이를 테면 연쇄 반응이 일어나야 하는 것입니다.

연쇄 반응의 가능성 1

연쇄 반응은 중성자를 발견하고 나서부터 가능해졌습니다. 중성자는 1932년 영국의 물리학자 채드윅(James Chadwick,

1891~1974)이 발견했습니다. 그는 이 공로를 인정받아서 1935년에 노벨 물리학상을 수상했습니다.

중성자는 전기적으로 중성입니다. 핵 속에는 중성자뿐만 아니라 양(+)의 전하를 띠고 있는 양성자도 들어 있습니다. 그래서 핵은 전체적으로 양(+)의 전기를 띠게 된답니다. 또한 핵은 원자의 중심에 위치해 있고, 핵 둘레를 전자가 빙글 빙글 돌고 있답니다. 이것은 태양계 중심에 태양이 자리해 있고, 그 둘레를 지구를 비롯한 여러 행성들이 회전하고 있는 것과 비슷해요. 그래서 원자 내부를 작은 태양계라고 부른답니다.

여기서 사고 실험을 해 보겠습니다. 사고 실험은 창의력을 튼튼히 구축하는 데 더없이 유용한 방법이지요.

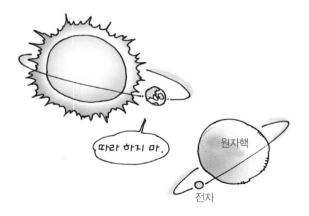

핵반응이 일어나려면, 어떻게든 핵과 상호 작용을 해야 해요.

핵 속에서 교란을 일으켜야 한다는 말이에요.

그러자면 우선 핵 속으로 들어가야 해요.

핵 안으로 진입하려면 핵보다 작아야 할 거예요.

핵보다 작은 입자로는 양성자와 전자가 있어요.

전자와 양성자는 핵보다 작으니, 일단은 핵 속으로 들어갈 조건은 갖춘 셈이에요.

그런데 문제는 이 입자들이 전기적으로 자유롭지 못하다는 거예요.

핵과 양성자는 양(+)의 전기를, 전자는 음(−)의 전기를 띠고 있어요.

그래서 이들이 핵 속으로 들어가면 전기적으로 문제가 발생하게 돼요.

전기에는 2가지 힘이 있습니다. 양(+)과 양(+), 음(−)과 음(−)처럼 같은 극끼리 만나면 서로 밀어내는 힘이 생기지요. 이러한 힘을 척력이라고 합니다.

반면, 양(+)과 음(−)처럼 다른 극끼리 만나면 서로 잡아당기는 힘이 생깁니다. 이러한 힘을 인력이라고 합니다.

사고 실험을 계속하겠습니다.

전기를 띤 양성자와 전자가 핵 속으로 들어가면 어떻게 되겠어요?

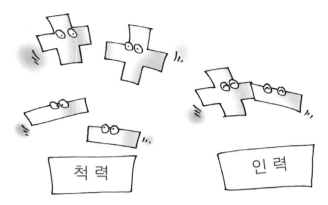

핵은 양(+)의 전기를 띠므로 양성자가 다가오면 밀어내는 힘을 발휘할 거예요.

양성자는 척력을 받아서 튕겨 나가게 되는 거예요.

반면, 전자는 음(−)의 전기를 띠므로 핵에 가까이 다가갈수록 끌리는 힘을 받을 거예요.

인력을 받아서 핵에 꽉 붙잡히게 되는 거예요.

양성자는 핵에 다가가지도 못하는 반면, 전자는 핵에 꽉 붙들려서 벗어나지 못하는 상황이 만들어지는 거예요.

이렇게 해서는 핵을 교란시키는 것이 불가능합니다. 핵 안에서 자연스러운 충돌이 가능하지 않기 때문이지요. 그러니 핵반응이 매끄럽게 이어질 수가 없는 것입니다.

양성자와 전자로는 핵을 마음껏 흔들어 놓는 것이 쉽지 않다는 것을 알았습니다. 그렇다면 이제 기대할 수 있는 것은 중성자뿐인데요, 사고 실험으로 알아보겠습니다.

중성자는 어떤가요?

전기적으로 중성이에요.

그러니 척력이나 인력을 신경 쓸 필요가 없어요.

그래서 핵 속으로 진입하는 데 아무런 문제가 생기질 않아요.

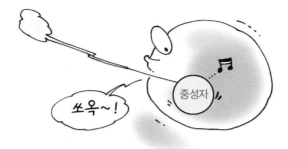

이렇게 해서 중성자가 발견되기 이전에는 감히 꿈꿀 수조차 없었던 핵 속으로의 진입이 마침내 성공을 거두게 된 것입니다. 핵 탐사의 새로운 장이 활짝 열리게 된 것이지요. 핵 속으로의 진입이 가능해졌으니 연쇄 반응이 일어날 가능성이 한층 높아진 셈이지요. 핵 안에서의 연쇄 반응을 사고 실험으로 그려 보도록 하겠습니다.

핵에 중성자가 다가오고 있어요.

핵 주위에 쳐 있는 전기 장벽은 중성자에게 무용지물이에요.

중성자는 전기적으로 중성이잖아요.

중성자가 거침없이 달려 들어가서 핵과 충돌하고 있어요.

핵이 부서져요.

그러면서 새로운 중성자가 튀어나와요.

그와 함께 핵에너지도 방출돼요.

이러한 핵반응은 한 번으로 그치지 않아요.

새롭게 튀어나온 중성자들이 옆의 다른 핵을 다시 두드려요.

붕괴한 각각의 핵마다 또다시 2~3개의 중성자를 내놓아요.

첫 번째 충돌보다 더 많은 핵에너지가 발생해요.

이러한 핵반응이 기하급수적으로 연이어요.

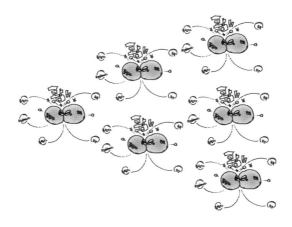

핵에너지가 순식간에 연쇄적으로 터져 나와 그 위력이 어마어마해
져요.

핵이 갖고 있는 잠재 에너지는 어마어마하답니다. 이것을
끄집어낼 수 있는 것이 바로 연쇄 반응이고, 그 중심에 중성
자가 있는 것입니다.

과학자의 비밀노트

핵분열 연쇄 반응

핵분열을 시키는 방아쇠로 중성자를 사용한다. 왜냐하면 중성자는 전기
적으로 중성이므로 인력이나 척력 등의 전기적인 힘을 받지 않고 쉽게
핵과 충돌할 수 있기 때문이다. 따라서 핵분열 연쇄 반응을 일으켜 엄청
난 핵에너지를 얻기 위해서는 일정 에너지 이상을 가지는 하나의 중성자
를 1개의 원자핵과 충돌시켜 핵분열을 일으킨다. 이때 핵이 분열되면서
2~3개의 중성자가 방출되고, 방출된 중성자는 다시 다른 원자핵
들과 충돌하여 핵분열을 일으키는 과정을 반복하게 되는데, 이를
연쇄 과정이라고 한다.

오토 한이 보낸 편지

연쇄 반응의 성공적인 첫 그림은 핵분열의 탄생으로 나타

났지요.

1938년 크리스마스 전날 아침, 마이트너(Lise Meitner, 1878 ~1968)가 프리슈(Otto Frisch, 1904~1979)에게 종이 한 장을 건넸습니다. 우라늄 – 중성자 실험에 대해서 적은, 독일의 세계적인 화학자 오토 한(Otto Hahn, 1879~1968)이 마이트너에게 보낸 편지였습니다.

마이트너는 여류 물리학자였으며, 그녀의 조카인 프리슈도 물리학자였습니다. 유대인인 두 사람은 히틀러 정권을 피해서 스톡홀름의 예테보리 항구에 인접한 조용한 마을에 잠시 머물러 있던 중이었습니다.

프리슈는 편지를 읽어 내려갔고, 그의 눈길이 한 단어에서 멈추었습니다.

"바륨이라고?"

바륨은 원자 번호가 56번인 원소입니다. 반면, 우라늄은 원자 번호가 92번이지요. 그러니까 한이 보낸 편지의 결론은 중성자로 우라늄을 충돌시켰더니, 우라늄보다 원자 번호가 거의 절반밖에 안 되는 바륨이 생겨났다는 것이었습니다.

"우리 이 문제에 대해서 좀 진지하게 이야기해 볼까?"

마이트너가 말했습니다.

마이트너와 프리슈의 해석

두 사람은 집 밖으로 나왔습니다. 마이트너는 눈 덮인 길을 그냥 걸었고, 프리슈는 스키를 신고 걸었습니다.

"바륨이 어떻게 나왔을까?"

마이트너가 물었습니다.

"잘못된 게 아닐까요?"

"나도 처음에는 그렇게 생각했단다. 그러나 곰곰이 되새겨 보니까 가능할 수 있다는 생각이 들었어."

"어떻게요?"

"우라늄 핵이 2조각으로 쪼개진다면 가능한 일이겠지."

"그거야 그렇지만, 그런 현상은 지금껏 보고된 적이 없는 걸로 알고 있거든요."

"발견이란 새로운 사실을 밝혀내는 거니까, 지금까지 파헤쳐진 사실에만 너무 얽매이는 것도 바람직한 건 아닐 거야."

"한의 실험이 틀리지 않다면, 그는 기존의 핵물리학 이론을 완전히 뒤엎는 결과를 이끌어 낸 거예요."

"그래서 한이 흥분하고 있는 거잖아."

"우라늄 핵 속에는 무려 200여 개가 넘는 입자들이 빽빽하게 들어 있잖아요."

"그렇지."

우라늄에는 질량수가 235와 238인 원소가 있습니다. 우라늄-235와 우라늄-238의 핵 속에는 똑같이 92개씩의 양성자가 들어 있지요. 다만 핵 속에 든 중성자의 수가 달라서 질량수(양성자의 수＋중성자의 수)가 다른 것이랍니다. 그러니까 우라늄-235와 우라늄-238은 양성자의 수는 같지만, 중성자의 수가 다른 원소인 겁니다. 우라늄-235는 143개의 중성자, 우라늄-238은 146개의 중성자를 갖고 있지요. 이처럼 양성자의 수는 같고, 중성자의 수가 다른 원소를 동위 원소라고 하지요.

"그런데 하나의 중성자를 핵에 조준해 쏘아서 그 많은 결합

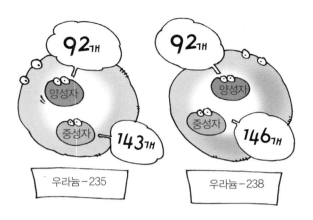

을 깨고 핵을 두 동강 내 버린다는 건 아무래도 믿기가 힘들
어요."

"중성자 하나의 에너지가 미약하긴 해."

"솔직히 중성자 하나로 우라늄 핵을 쪼갠다는 건 상식적으
로 납득이 안 가는 일이에요."

"하지만 역으로 생각하면, 핵 속에 입자가 많이 들어 있다
는 건 그만큼 불안정하단 뜻이 아닐까?"

"일리가 있는 추론인데요."

"핵이 두 동강 나려면 딱딱한 것보단 부드러운 게 좋겠지."

"부드럽다면……, 보어의 핵 모델?"

"그래, 보어가 제안한 액체 방울 모델이야!"

양자론을 개척한 보어(Niels Bohr, 1885~1962)는 아인슈타

인과 함께 20세기 현대 물리학을 구축한 물리학자입니다. 그런 그가 1937년, 핵은 딱딱한 고체가 아니라 말랑말랑하게 방울진 액체처럼 되어 있다는 모형을 제안한 것입니다. 그것을 마이트너와 프리슈가 떠올린 것이지요.

마이트너와 프리슈는 통나무에 걸터앉았습니다. 마이트너가 종이와 연필을 꺼내서 동그라미를 그렸습니다. 하지만 그 그림은 흡족한 모양이 아니었습니다. 프리슈가 아령 모양을 그렸습니다.

"그래 내가 그리려고 한 게 바로 이런 모양이었어."

"가운데를 누르면!"

"그래, 양쪽이 부풀어 오를 거야."

"중성자가 우라늄 핵을 이렇게만 흔들어 준다면?"

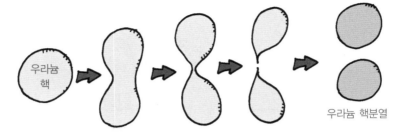

우라늄 핵분열

"답은 간단하겠지."

"가운데가 갈라지면서……."

마이트너가 재빨리 말을 가로챘습니다.

"핵이 두 쪽으로 나눠지겠지."

"한이 놀라운 발견을 한 거네요."

마이트너와 프리슈는 잠시 흥분에 사로잡혔습니다.

프리슈와 핵분열

1939년 1월 6일 우라늄 붕괴에 대한 오토 한의 논문이 발간되었습니다. 프리슈는 논문을 꼼꼼히 읽은 다음 한과 슈트라스만(Fritz Strassmann, 1902~1980)이 얻은 결과를 실험으로 검증해 보았고, 결과가 틀리지 않다는 것을 확인했습니다.

프리슈는 이것을 여러 과학자들에게 공개했습니다. 그중에는 미국인 생물학자 아널드가 있었습니다. 프리슈가 아널드에게 다가갔습니다.

"박테리아 하나가 둘로 갈라지는 현상을 생물학에서는 무엇이라고 부릅니까?"

"이분법(二分法, binary fission)이라고 합니다."

프리슈가 잠시 생각하는가 싶더니 이내 물었습니다.

"둘(binary)이란 용어는 빼고, 분열(fission)이라고만 해도 괜찮은가요?"

"상관없습니다."

"분열…… 핵분열이라……. 좋아, 핵분열로 정하는 거야!"

프리슈의 얼굴이 환해졌습니다. 이렇게 해서 핵분열이란 용어가 탄생하게 되었습니다.

과학자의 비밀노트

핵분열(nuclear fission)
질량수가 큰 원자핵이 질량수가 엇비슷한 2개 또는 그 이상의 가벼운 원자핵으로 나누어지는 핵반응을 말한다.

우라늄-235의 핵분열

우라늄의 동위 원소 중에서 핵분열을 하는 것은 우라늄-235입니다. 우라늄-235는 중성자를 흡수하면 불안정해지고 이내 2개의 작은 핵으로 나뉘지요. 이때 우라늄-235가 반드시 어떤 원자로 쪼개어져야 한다는 공식은 없습니다. 한마디로 분할은 무작위적이라고 보면 됩니다. 어떤 원소가 생길지 모르지요. 그러나 그 범위는 있습니다. 너무 가볍거나 너무 무거운 원소가 생길 확률은 거의 없지요. 대부분 질량수가 90~100, 135~145 범위의 두 원소로 쪼개어진답니다.

우라늄-235의 핵분열을 통해 얻을 수 있는 대표적인 원소로는 오토 한이 얻은 바륨과 크립톤, 크세논과 스트론튬, 텔루르와 지르코늄입니다. 이들의 핵분열 과정을 적어 보면 다음과 같습니다.

우라늄-235와 중성자 충돌 ➡ 바륨-139와 크립톤-94 생성

우라늄-235와 중성자 충돌 ➡ 크세논-143과 스트론튬-91 생성

우라늄-235와 중성자 충돌 ➡ 텔루르-137과 지르코늄-97 생성

핵반응의 원소 뒤에 적힌 숫자, 즉 우라늄-235, 바륨-139, 크립톤-94, 크세논-143, 스트론튬-91, 텔루르-137, 지르코늄-97의 숫자는 핵 속의 중성자 수와 양성자 수를 더

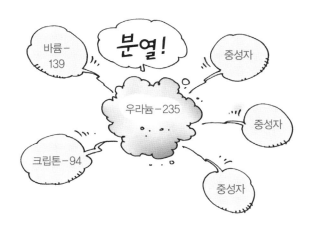

한 질량수를 뜻합니다.

이 각각의 핵분열 반응에서는 중성자가 방출되지요. 바륨이 생성되는 핵반응에서는 3개의 중성자가, 크세논과 지르코늄이 생성되는 핵반응에서는 2개의 중성자가 나온답니다. 그리고 각각의 핵반응은 무지막지한 핵에너지도 함께 내놓습니다. 이에 대해서는 다음 수업 시간에 알아보도록 하겠습니다.

선생님, 신문에 핵반응, 핵분열, 핵융합이란 단어들이 나오는데, 이게 다 뭔가요?

핵분열과 핵융합을 핵반응이라 하지요. 핵분열은 핵이 나누어지는 반응이고, 핵융합은 핵이 합쳐지는 반응이지요.

그런데 핵반응이 사람들의 관심을 끄는 것은 무엇 때문인가요?

그건 핵반응을 통해 얻을 수 있는 막대한 양의 에너지 때문이에요.

핵분열 에너지는 원자 폭탄과 원자력 발전이, 핵융합 에너지는 태양과 수소 폭탄이 그 위력의 대단함을 여실히 보여 주고 있지요.

폭탄과 발전소라…. 정말 핵반응의 위력은 대단한 것 같네요.

예를 들어 수소와 산소가 물 1g을 만들면서 내놓는 에너지는 1만 cal 정도인데, 라듐 1g이 붕괴하면서 내놓는 에너지는 10억 cal가 넘지요.

정말 엄청난 차이네요.

방사성 원소가 붕괴하면서 내놓는 에너지는 화학 반응에 비할 수 없을 정도로 엄청나지요.

그런데 방사성 원소에는 어떤 것이 있나요?

대표적인 방사성 원소에는 라듐, 우라늄, 토륨 등이 있어요.

이제야 핵반응에 대한 궁금증이 좀 풀렸네요.

2

질량 – 에너지 등가 원리

아인슈타인은 질량과 에너지는 같다고 주장했습니다.
이에 대해 자세히 알아봅시다.

질량-에너지 등가 원리

페르미가 계속해서 마이트너와
프리슈의 대화를 들려주면서
두 번째 수업을 시작했다.

마이트너의 에너지 계산

중성자와 우라늄 핵이 만나서 이루어지는 연쇄 반응과 핵
분열은 원자력 에너지와 원자 폭탄으로 무르익어서 현실화
되지요. 여기서 질량-에너지 등가 원리라고 하는 아인슈타
인의 공식이 크나큰 기여를 하게 됩니다.

마이트너는 우라늄 핵이 분열한다는 것을 확인하고, 우라
늄 핵이 쪼개지는 데 드는 에너지를 기존의 핵물리학 이론을
적용해서 계산해 보았더니 2억 전자볼트(eV)가 나왔습니다.

마이트너는 그 값에 순간 놀랐습니다. 화학 반응에서 방출되는 에너지가 수십 eV 남짓인 것과 비교하면, 놀라는 것도 지극히 당연한 것이었습니다.

"대체 이런 엄청난 에너지가 어디에서 나온 걸까?"

마이트너는 여기서 아인슈타인을 떠올렸습니다.

"아인슈타인은 작은 질량이라도 광속도의 도움을 받으면 엄청난 에너지로 바뀔 수 있다고 주장했었지."

마이트너가 회상하듯 말했습니다.

"그건 질량이 에너지가 되었다는 뜻인가요?"

프리슈가 물었습니다.

"그래, 맞아."

"아이 참, 그걸 믿으라는 소리예요?"

프리슈가 이렇게 반응하는 것도 무리는 아니었습니다. 아인슈타인 이전에는 누구나 에너지와 질량은 전혀 별개의 것이라고 믿었지요. 그 둘은 결코 연관지어질 수 없다고 생각했던 것이에요.

　그러나 아인슈타인은 달랐습니다. 질량과 에너지는 같은 건데, 단지 형태만 다르게 나타나는 것이라고 주장했지요.

　"세계적인 천재 물리학자인 아인슈타인이 제안한 이론인 만큼, 적용해 볼 가치는 충분하지 않을까?"

　이 말에는 프리슈도 더는 토를 달지 못했습니다. 마이트너는 우라늄 원자핵과 쪼개진 두 원자 사이의 질량 차이를 비교해 보았습니다. 양성자 질량의 $\frac{1}{5}$에 해당하는 차이가 났습니다. 마이트너는 이 값을 아인슈타인의 질량－에너지 등가 원

리에 대입해서 에너지를 구해 보았습니다. 앞과 다르지 않은
2억 eV가 나왔습니다.

　질량과 에너지는 상호 변환이 가능하다고 주장한 아인슈타
인의 질량-에너지 등가 원리가 그르지 않다는 것이 처음으
로 확인되는 순간이었습니다.

질량-에너지 등가 원리 1

　마이트너가 아인슈타인의 발표를 기억해 내고 계산하는 데
이용한 질량-에너지 등가 원리란 무엇일까요? 세상에서 가
장 유명한 공식, $E = mc^2$의 다른 이름이라고 보면 됩니다.

질량-에너지 등가 원리는 자연의 기본 법칙을 다시 생각해 보도록 했습니다. 질량과 에너지에 대해서 오랫동안 믿어 의심치 않았던 시각이 틀렸다는 것을 인정해야 했던 것입니다. 이렇게 말이에요.

질량은 에너지로 바뀔 수 있다.
에너지도 질량으로 바뀔 수 있다.
질량과 에너지는 같은 건데, 다만 표현이 다른 것일 뿐이다.

이와 같은 내용이 질량-에너지 등가 원리에 고스란히 포함되어 있는 것이고, 이것의 의미를 수학적으로 표현한 것이 $E=mc^2$인 겁니다.

아인슈타인의 방정식 $E = mc^2$에 들어 있는 3개의 문자와 하나의 숫자는 다음을 의미한답니다.

E = 에너지

m = 질량

c = 광속(c는 속력이란 뜻의 라틴 어 'celeritas' 에서 따옴.)

2 = 제곱(제곱은 2번 곱한다는 뜻.)

질량 – 에너지 등가 원리 2

아인슈타인은 1905년에 특수 상대성 이론과 관련된 의미 있는 2편의 논문을 내놓았지요. 6월에는 길이 수축, 시간 단축, 질량 증가의 내용을 담은 논문을, 석 달 후에는 질량과 에너지에 관한 논문을 발표했습니다.

오늘날에는 6월과 9월에 나온 이 두 논문을 한꺼번에 묶어서 특수 상대성 이론으로 취급하고 있지요. 그러나 아인슈타인은 이 두 논문을 동시에 발표한 게 아니었어요. 두 논문은 다음과 같은 다른 제목으로 따로따로 세상에 나왔던 겁니다.

1905년 6월 특수 상대성 이론 발표.
1905년 9월 질량-에너지 등가 원리 발표.

〈특수 상대성 이론 : 움직이는 물체의 전자기 동력학에 관하여〉

〈질량-에너지 등가 원리 : 물체의 관성은 에너지 알갱이와 연관이
있는가?〉

9월에 발표한 논문은 6월에 발표한 논문보다 분량이 짧습니다. 어떻게 보면 앞 논문의 부록 성격이 짙었지요. 그러나 뒤의 논문이 함축하고 있는 질적인 의미와 가치는 실로 엄청나서, 앞 논문에 조금도 뒤지지 않는답니다. 아인슈타인도 자신의 발견에 놀라워했을 정도니까요.

"믿기 힘든 결론이 아닐 수 없다."

질량-에너지 등가 원리에서 두드러진 작용을 하는 건 광속입니다. 광속은 초속 30만 km라는 엄청나게 큰 숫자입니다. 그러니 이 수를 제곱하면 얼마나 큰 수가 되겠어요? 그래

서 질량은 얼마 되지 않아도, 거기에 광속이 곱해져 방출되는 에너지가 상당해지는 것이랍니다.

예를 들어, 100원짜리 동전 하나의 질량을 아인슈타인의 질량-에너지 등가 원리에 따라서 전부 에너지로 전환하면, 서울의 중심가를 적어도 수개월은 족히 환하게 불 밝히고도 남는 에너지가 나온답니다.

동전 하나로 서울의 중심가를 수개월간이나 환하게 불 밝힐 수 있다니, 이걸 누가 믿겠어요. 하지만 아인슈타인은 그것이 헛된 소리가 아니라고 외친 것입니다. 그리고 그것이 틀리지 않았다는 것은 히로시마와 나가사키에 투하한 원자폭탄이 명명백백히 입증해 주었지요. 아인슈타인이 세계적인 천재로 칭송받는 데에는 다 그만한 이유가 있는 것이랍

니다.

질량 결손

질량-에너지 등가 원리를 뜻하는 아인슈타인의 $E = mc^2$이라는 공식을 들여다보면 질량(m)이 들어 있지요. 이 공식에 질량을 넣어서 계산하면, 에너지를 간단히 구할 수가 있답니다. 예를 들어 질량이 1kg이면, 그 공식에 1kg을 그냥 집어넣어서 계산하면 되는 겁니다.

그러나 문제는 질량이 하나가 아닌 경우입니다. 가령 우라늄-235가 바륨-139와 크립톤-94로 나누어지는 핵분열 반응을 보면 우라늄, 바륨, 크립톤 등 질량이 여러 개가 있지요. 이때는 어떤 질량을 넣어서 계산해야 할지 아리송한데, 핵분열의 반응 전과 반응 후에 생기는 질량 차이를 대입하면 됩니다.

핵분열 반응 전과 반응 후의 질량 차이란 핵분열이 일어나기 전(여기서는 우라늄-235)과 핵분열이 일어난 후(여기서는 바륨-139와 크립톤-94)의 질량 차이를 말하지요. 이것을 질량 결손이라고 합니다.

과학자의 비밀노트

질량 결손

양성자와 중성자가 결합한 원자핵의 질량은 원자핵을 구성하는 핵자들이
따로 떨어져 있을 때의 총합보다 작다.

질량 결손 = (핵자들의 질량) − (원자핵의 질량)

이 차이는 전체 질량의 일부가 양성자와 중성자가 결합할 때의 결합 에너
지로 전환되어 방출된다. 또한 원자핵을 파괴하여 각각의 핵자를 떨어뜨리
기 위해서는 질량 결손에 대응하는 에너지를 공급해야 한다. 즉, 막대한 핵
에너지를 방출하면서 일어나는 핵반응 전후 사이에 생기는 질량 차
이가 질량 결손에 해당하는 것이다. 이때 질량 결손에 해당하는 에
너지는 아인슈타인의 질량−에너지 등가 원리($E=mc^2$)로 설명된다.

여기서 사고 실험을 하겠어요.

아인슈타인이 질량−에너지 등가 원리에서 말한 게 무엇이었지요?

그래요, 질량과 에너지는 같다는 것이었어요.

그러니 질량 결손은 무엇이 되겠어요?

맞아요, 에너지가 되는 겁니다.

그래서 질량이 여러 개 있을 때에는, 질량 결손을 $E = mc^2$에 대입

하면 에너지를 얻을 수 있는 거예요.

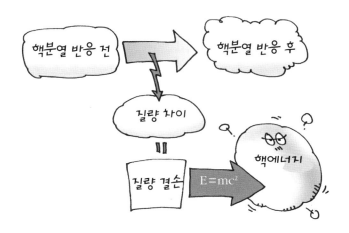

　예를 들어 핵분열 전의 질량이 1g이고 핵분열 후의 질량이 0.5g이라면, 질량 결손은 0.5g이 되지요. 이것을 아인슈타인의 공식 $E=mc^2$에 넣어서 계산하면, 핵반응에서 방출되는 에너지를 구할 수 있답니다.

만화로 본문 읽기

선생님, 질량-에너지 등가 원리란 무엇인가요?

아인슈타인이 만든 세상에서 가장 유명한 공식이지요.

질량-에너지 등가 원리에는 이와 같은 내용이 포함되어 있지요.

네.

- 질량은 에너지로 바뀔 수 있다.
- 에너지도 질량으로 바뀔 수 있다.
- 질량과 에너지는 같은 건데, 다만 표현이 다른 것일 뿐이다.

그리고 이것의 의미를 수학적으로 표현한 것이 $E=mc^2$ 이지요.

아~, 그렇군요.

질량-에너지 등가 원리

$$E = mc^2$$

우리 둘은 같은 것이지요.

세 개의 문자와 하나의 숫자는 다음과 같은 의미예요. 어떤 질량의 물질이 갖는 에너지는 그 물질의 질량에 빛의 속도의 제곱을 곱한 값과 같다는 거예요.

그 유명한 공식이 이런 내용이었군요!

$E = mc^2$

$E =$ 에너지 $m =$ 질량

$c =$ 광속 $2 =$ 제곱

질량-에너지 등가 원리에서 두드러진 작용을 하는 건 광속이에요. 광속은 초속 30만 km인데 이 수를 제곱하면 굉장히 큰 수가 되지요.

그럼 질량이 1kg이라면 $E=1\times300,000^2$ 이니까….

하하, 그래서 질량은 얼마 되지 않아도, 거기에 광속을 곱하게 되어서 방출되는 에너지가 상당해지는 거예요.

정말 그렇군요.

3

세계 최초의
원자로 탄생과 가동

핵에너지를 얻기 위해서는 지속적인 핵반응이 이루어져야 하는데,
저속 중성자의 발견은 그래서 중요합니다.

세 번째 수업

세계 최초의
원자로 탄생과 가동

페르미가
골똘히 깊은 생각에 잠겨 있다가
세 번째 수업을 시작했다.

마술 같은 현상

우라늄의 핵분열은 이제 누구도 의심할 수 없는 현상이 되어 버렸습니다. 남은 것은 핵분열을 연쇄적으로 일으킬 수 있는 구체적인 방법을 알아내는 것이었는데, 그 선구적인 중심에 내가 있었습니다.

나는 여러 종류의 원소를 중성자로 때려 보았고, 특이한 현상을 발견했습니다. 방사능의 세기가 환경에 따라서 변하는 것이었습니다. 이것은 검토해 볼 충분한 가치가 있는 현상이었습니다.

나는 중성자와 원소 사이에 파라핀을 놓고 앞과 동일한 실험을 했습니다.

그런데 이게 웬일입니까? 방사능이 엄청나게 나오는 것이었습니다. 방사능 수치가 10배는 보통이었고, 심지어는 100배까지 증가하기도 했습니다.

방사능 수치가 높아졌다는 건 핵반응이 더욱 빈번히 일어났다는 뜻이지요. 이것은 연쇄 반응이 가능해졌다는 의미이기도 했습니다.

저속 중성자의 발견

연쇄 반응 성공이라는 빛이 이제야 그 모습을 서서히 드러내기 시작하는 것 같습니다. 나는 흥분을 감추지 못한 채, 왜 이런 결과가 나왔는가를 곰곰이 생각해 보았습니다. 그 속에 연쇄 반응에 대한 실마리가 들어 있을 것이라고 보았거든요.

자, 내가 어떤 실마리를 찾아내었는지 우리 함께 사고 실험으로 알아보도록 해요.

파라핀에는 수소가 듬뿍 들어 있어요.
수소에는 양성자가 하나 들어 있어요.
중성자는 들어 있지 않아요.

양성자와 중성자는 질량이 비슷해요.

전자의 질량을 1이라고 하면, 양성자의 질량은 1,836 정도이고, 중성자의 질량은 1,839 정도가 된답니다. 중성자가 아주 조금 무겁긴 하지만 거의 비슷하다고 보아도 무방하지요.

양성자와 중성자의 질량이 비슷하니, 수소는 중성자와 질량이 비슷할 거예요.

질량이 비슷한 두 물체가 충돌하면 어떻게 되죠?

크기와 질량이 같은 두 당구공이 충돌하는 상황에 대해 사고 실험을 해봅시다.

빨간 당구공이 멈추어 있는 흰 당구공과 정면으로 충돌해요.

매섭게 달려온 빨간 당구공은 에너지를 거의 다 잃어버려요.

그래서 충돌 후 제자리에 서 버려요.

반면, 정지해 있던 흰 당구공은 빠르게 움직이기 시작해요.

빨간 당구공이 갖고 있던 에너지를 얻어서 매섭게 달리기 시작하는 거예요.

이 결과를 중성자와 파라핀의 충돌 현상에 그대로 적용할 수 있답니다. 사고 실험을 이어 가겠어요.

수소와 중성자는 질량이 비슷하니, 파라핀 속 수소와 중성자가 충돌하면 어떻게 되겠어요?

중성자는 많은 에너지를 잃을 거예요.

에너지를 적잖이 잃어버렸으니 속도가 현저히 느려져요.

속도가 느려졌으니, 수소 주위에서 머무는 시간이 길어져요.

머무는 시간이 길면 길수록, 접촉할 수 있는 확률은 그만큼 더욱 높아져요.

중성자와 수소가 만날 수 있는 시간이 길어지는 거예요.

중성자와 수소의 반응 확률이 높아지는 거예요.

그러니 더 많은 방사선이 나올 수밖에요.

그렇습니다. 방사선이 많이 나오는 건 중성자의 속도가 느려졌기 때문입니다. 속도가 느린 걸 '저속'이라고 하지요. 그래서 속도가 느려진 중성자를 저속 중성자라고 한답니다.

저속 중성자는 핵반응의 확률을 대폭적으로 높여 주지요. 연쇄 반응이 일어나는 확률을 급속도로 향상시켜 준다는 말이에요.

드디어 우라늄-235 연쇄 반응의 실마리를 찾았습니다. 그것은 저속 중성자가 쥐고 있었던 겁니다.

나는 늘 이렇게 말해 왔지요.

"저속 중성자는 내 생애에 있어서 가장 중요한 발견이었습니다."

이로써 핵에너지를 마음껏 꺼내어 쓸 수 있는 길이 활짝 열리게 되었답니다.

나는 핵반응 실험 준비에 들어갔습니다. 연쇄 반응의 조건을 살피는 과정을 한 단계 한 단계 차근차근 밟아 나갔지요. 어떤 물질이 중성자를 얼마나 흡수하는지, 물질의 순도에 따라 중성자 흡수율이 어떻게 달라지는지, 우라늄을 얼마나 쌓아야 적당한지를 세심하게 살폈지요. 그러고는 순도 높은 우라늄과 흑연을 벽돌처럼 높이 쌓아 올렸습니다.

흑연은 중성자의 속도를 늦추기 위한 것이었습니다. 중성자의 속도를 늦추어 주는 물질을 감속재라고 해요. 흑연은 좋은 감속재이지요. 나는 흑연을 감속재로 사용했습니다.

우라늄과 흑연을 차곡차곡 쌓아 올린 모양은 흡사 꾸러미

흑연 우라늄 흑연 우라늄
흑연 우라늄 흑연 우라늄 흑연
흑연 우라늄 흑연 우라늄 흑연 우라늄
우라늄 흑연 우라늄 흑연 우라늄 흑연

난 이걸 파일이라고 불렀지요.

같았지요. 그래서 꾸러미 같다는 뜻으로 나는 이것을 파일(pile)이라고 불렀습니다. 이것은 핵분열을 일으키는 세계 최초의 연쇄 반응 장치, 즉 원자로였지요.

파일의 설치 장소는 시카고 대학의 미식 축구 경기장 서쪽 스탠드 아래인 스쿼시 경기장으로 정했습니다. 연구진은 24시간 풀가동 체제로 전환하기 위해 둘로 나누어 한 팀은 주간반, 다른 한 팀은 야간반으로 만들었습니다.

시카고의 겨울은 몹시 추웠지요. 더구나 스쿼시 경기장은 난방도 되지 않았습니다. 실험실 앞에서 경비를 서는 사람이 꽁꽁 얼어붙을 정도였으니까요. 게다가 일은 무척이나 힘들고 고되었는데도 불평을 늘어놓는 사람은 단 한 명도 없었습니다. 자기가 좋아서 하는 일이었으니까요. 역사적인 실험에

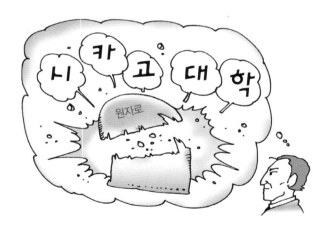

동참하고 있다는 뿌듯함이 그 어떤 육체적인 어려움을 잊게 한 것이지요.

우리는 연쇄 반응이 안전하게 일어날 수 있는 조건을 차분히 만들어 나갔습니다. 중성자 제어가 적절히 이루어지지 않아서 연쇄 반응이 급격히 이루어지면 시카고 대학 자체가 날아갈 버릴 수도 있습니다. 나는 수동 제어 장치뿐 아니라 자동 제어 장치도 마련했습니다. 최악의 사태에 대비한 것이지요.

우리는 흑연과 우라늄의 순도를 검사하고, 흑연을 일일이 벽돌 모양으로 깎고 다듬어서 제어봉이 드나들 수 있도록 했습니다. 제어봉은 중성자를 흡수해서 연쇄 반응을 제어하는 장치로 연쇄 반응이 과도하게 진행되는 것을 막기 위해서 사용합니다.

여기서 사고 실험을 해 보겠습니다.

핵에너지를 얻으려면 핵반응을 지속적으로 이어 가야 해요.

그러려면 우라늄이 듬뿍 있어야 해요.

그래야 연쇄 반응이 수월할 거예요.

중성자와 우라늄-235의 충돌이 더 빈번해질 테니까요.

하지만 그렇다고 우라늄이 무한히 있을 필요는 없어요.

우라늄이 많을수록 새로 생기는 2차 중성자가 많아져서 에너지가 과도하게 방출될 테니까요.

그건 돌이킬 수 없는 재앙을 불러올 거예요.

적당한 양의 우라늄도 필수적이지만, 중성자의 활동을 적절히 조절해 주는 물질도 필요한 거예요.

카드뮴이나 붕소는 중성자를 흡수하는 성질이 있지요. 그래서 중성자의 수를 적절히 조절해서 연쇄 반응이 급격히 진행되지 않도록 카드뮴이나 붕소로 제어봉을 만든답니다. 우리는 카드뮴으로 만든 제어봉을 사용했습니다.

원자 폭탄은 제어봉이 필요 없지요. 연쇄 반응이 급격히 이루어져야 무시무시한 핵폭탄이 될 테니까요. 그러나 원자력

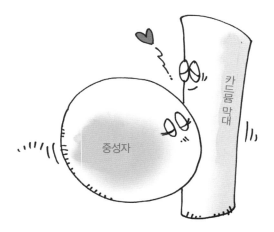

카드뮴 막대

중성자

발전은 그래서는 안 되지요. 원자력 발전의 목적은 핵 발전소를 일순간에 흔적도 없이 날려 보내는 것이 아니라, 핵에너지를 끌어내서 유용하게 사용하려는 데 있으니까요.

우라늄은 반응 효율이 좋도록 공 모양으로 단단히 압축했습니다. 그러고는 스쿼시 경기장 바닥에 흑연 벽돌을 깔고 우라늄 덩어리를 쌓았습니다. 한 층을 남북 방향으로 배열하면 다음 층은 그와 직각 방향으로 배열했습니다. 흑연의 검은 입자가 스쿼시 경기장 내부는 물론이고 연구원들의 얼굴과 손을 새까맣게 칠해 버렸습니다. '씩' 하고 웃을 때 드러나는 연구원들의 치아만이 예외였습니다.

나는 원래 76층 남짓까지 쌓아 올릴 생각이었습니다. 그러나 흑연의 순도가 높아서 애초 생각보다 20여 층 낮은 57층

그래선 안 되지.

제어봉

원자 폭탄

까지만 쌓아도 되었고, 그래서 원래대로 쌓았다면 둥근 공 모양이 되어야 할 파일이 타원형이 되었습니다. 이렇게 해서 35만여 kg의 흑연과 4만 6,000여 톤의 우라늄을 켜켜이 쌓아 올린 상하 6m, 좌우 최대 7m 남짓 되는 달걀형 원자로가 마침내 그 위용을 드러낸 것입니다.

이것을 시카고에서 제작한 첫 번째 파일이란 의미로, 시카고 파일-1(CP-1, Chicago Pile-1)이라고 부른답니다.

1942년 12월 2일, 오전

세계 최초의 원자로를 설치했으니, 이젠 그걸 무사히 가동시키는 일이 남았습니다. 1942년 12월 2일, 세계 최초의 원자로 가동을 시험하는 역사적인 날, 날씨는 매서웠고 시카고 대학은 흰 눈으로 하얗게 뒤덮였으며, 스쿼시 경기장은 실외만큼이나 몹시 추웠습니다.

나는 여러 예방 수단을 조치해 놓았습니다. 우선은 자동 제어봉을 파일 위쪽에 설치했습니다. 중성자의 세기가 예상치를 웃돌면 모터가 작동해서 제어봉을 파일 속으로 떨어뜨리지요. 그것도 부족해서 카드뮴 수용액 병을 천장 가까이 매달았습니다. 자동 제어봉이 제 역할을 못하게 되면, 도끼로 밧줄을 끊어서 병을 원자로 속으로 떨어뜨릴 생각이었습니다.

또 앞의 모든 방어 수단이 불발로 끝나는 최악의 상황에 대비해 카드뮴을 물통에 따로 가득 담아 놓았습니다. 이도 저도 안 되는 마지막 상황이 발발하면, 카드뮴을 물통째로 쏟아 부어서 연쇄 반응을 멈추게 하려는 의도였습니다.

"제어봉을 올리세요."

내가 말했습니다.

연구원이 파일 속에 담긴 카드뮴 제어봉 하나를 끌어올렸습니다. 나는 계수기에 나타난 중성자의 방출 숫자를 바라보았습니다. 만족스러웠습니다. 나머지 제어봉도 조심스레 빼

누가 뭐래도 안전이 최고지!

카드뮴

제어봉

원자로

카드뮴

내라고 지시했습니다. 이제 남은 제어봉은 하나.

"반만 들어 올리시오."

마지막 제어봉이 천천히 들어 올려졌습니다. 나는 중성자의 반응을 살폈습니다. 연쇄 반응 상황은 아직 아니었습니다.

"15cm만 더 들어 올리시오."

제어봉을 빼내는 연구원의 손길이 떨렸습니다. 숨죽이는 시간이 흘러갔습니다. 중성자의 세기가 증가하는가 싶더니 이내 일정 수준을 유지했습니다. 연구원들이 안도의 한숨을 내쉬었습니다.

"15cm를 더 올리시오."

내 목소리도 떨렸습니다.

중성자의 수가 빠르게 증가했습니다. 긴장되는 순간이었습니다. 그러나 다행스럽게도 이번에도 중성자가 점차 일정 수준을 유지해 나갔습니다.

"15cm가량을 더 들어 올리시오."

중성자의 세기가 더욱 증가했습니다. 연쇄 반응이 일어나기 직전 상태까지 도달했습니다. 갑자기 '쿵' 소리가 났습니다. 모터가 자동으로 작동해서 제어봉을 원자로 속으로 수직 낙하시킨 것이었습니다.

연구원들은 가슴을 쓸어내렸습니다. 그러나 나는 놀라지

않았습니다. 안전 장치가 제대로 작동하고 있다는 뜻인데, 걱정할 필요가 있겠습니까? 기기는 정상적으로 작동하고 있으니 마음 푹 놓고 실험에 집중하라는 뜻이지요.

"오전 실험은 이걸로 마치겠습니다."

카드뮴 제어봉을 원자로 속으로 다시 채워 넣고 열쇠로 튼튼하게 잠갔습니다.

"배가 고프군요. 점심이나 하러 갑시다."

우리는 식사하러 스쿼시 경기장을 빠져나갔습니다. 이 시각이 오전 11시 30분이었습니다.

1942년 12월 2일, 오후

우리 모두는 점심을 끝내고 오후 2시에 스쿼시 경기장에 다시 모였습니다.

"오전에 마지막으로 실험했던 위치까지 제어봉을 정확하게 들어 올리시오."

나는 중성자의 세기를 확인했습니다. 오전에 측정한 수치와 다르지 않았습니다. 중성자는 연쇄 반응을 일으킬 막바지 단계까지 도달한 것입니다.

"새로운 제어봉을 파일 속으로 넣으시오."

중성자 방출 개수가 당연히 감소하기 시작했습니다.

"제어봉을 30여 cm 더 빼내시오."

연구원이 다소 떨리는 손길로 제어봉을 들어 올렸습니다. 내가 마지막 명령을 내렸습니다.

"이젠 안전 장치용으로 새롭게 넣었던 제어봉도 빼내시오."

연구원의 등과 이마로 한 줄기 땀이 죽 흘러내렸습니다.

"그래, 됐어!"

내가 미소를 지었습니다. 그러고 나서 의기양양하게 말했습니다.

"연쇄 반응이 자연스레 이어질 것이고, 중성자 측정기는 중성자가 계속 증가한다는 것을 보여 줄 것입니다."

예측대로였습니다. 중성자 방출은 더욱 거세어져 갔습니다. 사람들 모두 쥐 죽은 듯이 중성자 측정기에 온 시선을 집중했습니다. 옆 사람의 심장 박동 소리가 들릴 정도였습니다. 이런 분위기를 깰 수 있는 사람은 나밖에 없었습니다. 내가 손을 번쩍 들었습니다.

"핵분열이 이루어지는 단계에 도달했습니다!"

내가 싱긋 웃었습니다.

중성자는 2분마다 배로 증가했습니다. 이런 상태를 그대로 놔둔다면 오래지 않아 그곳에 모인 사람들 모두가 한 줌의 재로 변할 것입니다. 사람들은 초조해했습니다. 그들의 애달픈 마음과는 달리 나는 너무도 평온한 얼굴이었습니다. 모든 사람들의 등줄기로 식은땀이 흘러내렸습니다. 드디어 내가 명령을 내렸습니다.

"제어봉을 파일 속으로 다시 넣으시오."

이 시각이 오후 3시 53분이었습니다.

그날의 상황을 계속 지켜보았던 연구원은 이렇게 회상했습니다.

"볼거리는 전혀 없었습니다. 눈앞에서 아른아른 움직이는 것도 없었고, 원자로 속에서 특이한 소리가 난 것도 아니었어요. 제어봉을 밀어 넣자 중성자의 방출 소리마저 잦아들었지요. 그러자 갑자기 허탈한 기분이 들더라고요. 오감으로 느낄 수 없기에 허탈감은 의외로 강했지요. 그러나 분명한 건 핵반응 실험이 성공했다는 것이었습니다. 우리 모두는 핵에너지의 위력을 짐작할 수 있었습니다. 원자력 에너지라는 거인이 마침내 세상 밖으로 나오게 된 것이었습니다."

이날의 자리를 축하하기 위해 이탈리아산 포도주가 준비되었습니다. 나는 누런 봉투에 싼 포도주 병을 집었습니다. 포도주

를 따른 종이컵이 모두에게 건네졌고, 일제히 축하의 잔을 치켜
들었습니다.

"포도주를 싼 종이에 서명을 하지요."

누군가의 제안에 참석자들은 서명을 했습니다.

오늘은 내가 핵반응 실험을 했던 이야기를 들려줄게요.

어서 들려주세요. 궁금해요.

우리는 핵반응 실험의 준비로 순도 높은 우라늄과 흑연을 벽돌처럼 높이 쌓아 올렸지요.

그런데 흑연을 같이 쌓아 올린 이유는 뭔가요?

중성자의 속도를 늦추어 주는 물질을 감속재라고 하는데, 흑연은 중성자의 속도를 늦추기 위한 좋은 감속재이기 때문이죠.

그렇군요.

나는 우라늄과 흑연을 쌓아 올린 모양이 꾸러미 같아서 파일이라고 불렀지요. 이것이 핵분열을 일으키는 세계 최초의 연쇄 반응 장치예요.

꾸러미 = 파일(pile)

아, 그게 바로 원자로였군요.

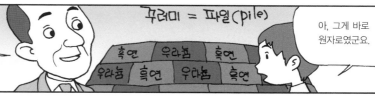

연쇄 반응이 급격히 이루어지면 실험 장소인 시카고 대학이 날아갈 버릴 수도 있어서 나는 수동 제어 장치뿐 아니라 자동 제어 장치도 마련했어요.

최악의 사태를 대비한 것이군요.

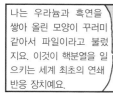

1942년 12월 2일, 세계 최초의 핵반응 실험이 성공했고, 원자력 에너지라는 거인이 마침내 세상 밖으로 나오게 되었지요.

정말 훌륭한 연구 성과를 얻으신 거네요.

4

또 하나의 **핵분열 원소, 플루토늄**

우라늄−238이 중성자와 만나 플루토늄−239가 만들어졌습니다.
플루토늄은 핵분열성 물질로 자연계에 존재하지 않는 인공 방사성 원소입니다.

또 하나의 핵분열 원소,
플루토늄

페르미가 시카고 파일-1에
사용된 원소에 대한 이야기로
네 번째 수업을 시작했다.

무거운 원소 예측

핵 발전과 연쇄 반응은 떼려야 뗄 수 없는 사이이지요. 그
리고 연쇄 반응은 우라늄-235만이 가능하지요.

그런데도 나는 시카고 파일-1을 가동시키면서 우라늄-
235만을 사용하지는 않았답니다. 우라늄 광석을 사용함으로
써 우라늄-238도 함께 이용했지요. 이렇게 한 데에는 우라
늄-235를 뽑아내는 농축 기술이 부족한 탓도 한 원인이었으
나, 다른 이유도 있었답니다. 우라늄-238이 중성자와 만나

게 되면, 보다 무거운 미지의 새로운 원소가 탄생할 거라고
본 것이었지요.

나는 실험에 들어가기 전에 사고 실험으로 결과를 예측해
보았습니다.

중성자가 핵 안으로 들어가요.

중성자라는 침입자에 의해 핵이 동요해요.

안정적이었던 핵이 흔들리기 시작하는 거예요.

핵의 흔들림이 갈수록 더욱 격렬해져요.

격렬한 요동은 이내 에너지를 이끌어 내요.

에너지가 방출되고 있어요.

그러면서 새로운 핵도 만들어지고 있어요.

새로운 핵은 우라늄보다 무거운 핵이에요.

중성자가 우라늄 핵에 더해져서 질량을 늘린 탓이에요.

우라늄보다 원자 번호가 높은 원소가 탄생한 거예요.

우라늄의 원자 번호가 92번이니, 93번이나 94번쯤의 원소가 새롭게 만들어질 것이라고 나는 보았던 겁니다. 이걸 확인하기 위해서 나는 우라늄에 중성자를 쏘았고, 예상대로 원소가 검출되었습니다. 그러나 나는 이것이 93번 원소인지 94번 원소인지 장담할 수 없었습니다. 명백한 확인이 필요했습니다.

화학적으로 원소를 분석했습니다. 91번인 프로트악티늄도 아니었고, 90번인 토륨도 아니었고, 89번인 악티늄도 아니었

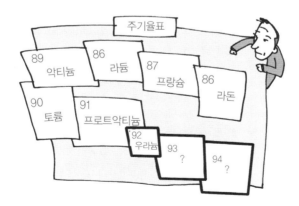

습니다. 88번인 라듐도 아니었고, 87번인 프랑슘도 아니었고, 86번인 라돈도 아니었습니다. 미지의 원소가 우라늄보다 원자 번호가 클 것이라는 판단이 더욱 설득력을 더해 가고 있었습니다.

플루토늄과 방사성 원소

우라늄의 동위 원소 중에서 핵분열을 하는 것은 우라늄-235이지요. 핵분열을 못하면 핵에너지를 방출하지 못하고, 핵에너지를 꺼내어 쓸 수가 없지요. 그래서 우라늄-238은 하등 쓸모없는 존재로 취급받기 일쑤이지요.

그러나 우라늄-238도 알고 보면 제 몫을 하는 원소랍니다. 자신은 핵에너지를 내놓지 못하지만 핵에너지를 내보내

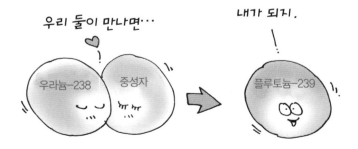

는 물질을 새롭게 만들어 주거든요. 우라늄-238이 중성자와 섞이면 플루토늄-239로 변한답니다.

플루토늄-239는 양성자 94개, 중성자 145개를 갖고 있는 핵분열성 물질로, 자연계에는 존재하지 않는 방사성 원소이지요. 이러한 원소는 천연적으로는 존재하지 않고 인공적으로 만들어진 것이라고 해서 인공 방사성 원소라고 합니다. 크립톤-85, 스트론튬-89, 루테늄-106, 텔루르-132, 크세논-133, 세슘-137, 바륨-140, 세륨-144 등이 주요한 인공 방사성 원소이지요. 인공 방사성 원소는 핵분열을 일으키는 능력이 있지요. 그래서 원자력 발전과 핵무기를 제조하는 데 널리 이용된답니다.

인공 방사성 원소

크립톤-85
스트론튬-89
루테늄-106
텔루르-132
크세논-133
세슘-137
바륨-140
세륨-144

자연 방사성 원소

84번 폴로늄
86번 라돈
88번 라듐
92번 우라늄

반면, 자연에 천연적으로 존재하는 방사성 원소가 있지요. 이들을 자연 방사성 원소라고 합니다. 주기율표의 원자 번호 84번인 폴로늄(퀴리 부인이 처음으로 발견하고, 자신의 조국 폴란드를 그리며 이름 지은 방사성 원소), 86번인 라돈, 88번인 라듐, 92번인 우라늄이 자연 방사성 원소이지요.

자연 방사성 원소의 대표 주자는 누가 뭐래도 우라늄-238입니다. 우라늄-238의 반감기는 무려 45억 년에 달한답니다. 지구 나이와 엇비슷한 반감기이지요. 반감기란 처음에 있던 양이 절반으로 줄어드는 데까지 걸리는 시간을 말합니다.

예를 들어, 2kg의 우라늄-238이 방사선을 방출하고 1kg으로 줄기까지는 45억 년이라는 시간이 걸린다는 뜻입니다. 그러니 지구가 탄생했을 즈음에는 우라늄-238이 현재보다 2배 정도 많았으리라고 짐작할 수 있습니다.

증식로

무용지물일 것 같은 우라늄−238이 쓸모가 있었어요. 플루토늄−239라는 새로운 핵분열 물질을 만들어 내니까요. 그런데 플루토늄−239가 만들어지는 과정을 보면, 배보다 배꼽이 더 큰 것 같은 현상이 일어나고 있어요.

사고 실험으로 그 과정을 살펴보겠어요.

원자로 속에 우라늄 광석을 집어넣어요.

그러고는 중성자와 충돌시켜요.

우라늄−235는 핵분열하고,

우라늄−238은 중성자를 흡수해서 플루토늄−239로 변해요.

플루토늄−239는 우라늄−235처럼 핵분열하는 물질이에요.

핵분열하지 않는 우라늄−238이 신기하게도 핵분열하는

플루토늄−239로 변한 거예요.

이건 없던 핵분열 물질이 새로 생겨났다는 뜻이에요.

우라늄 광석에는 우라늄−235보다 우라늄−238이 월등히 많아요.

무려 140여 배나 더 많이 포함돼 있지요.

그래서 핵분열을 하면서 사라지는 우라늄−235보다 중성자를 흡수

해서 새롭게 생기는 플루토늄−239가 더 많아지게 돼요.

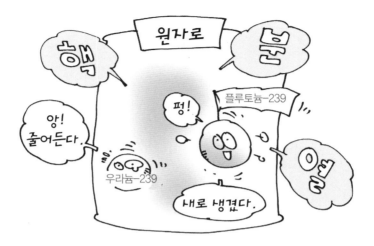

소모되는 것보다 새로 생기는 게 더 많아지는 거예요. 쓰면 줄어들어야 하는 게 이치인데, 이 경우는 쓰면 쓸수록 핵분열 물질이 원자로에 더 많이 채워지는 격이에요.

이처럼 우라늄-238에서 플루토늄-239가 생성되는 과정은 참으로 신비로운 핵반응 과정이 아닐 수 없답니다. 10원어치 물건을 샀더니, 물건도 주면서 1,400원까지 더 얹어 주는 셈이니까요.

이렇듯 우라늄 광석을 넣고 핵반응을 시키면 핵분열 물질이 오히려 더 많이 쌓이게 됩니다. 핵분열 물질이 소모하는 비율보다 증가하는 비율이 더 많아지는 것을 증식이라고 하지요. 증식 현상이 일어나는 원자로를 증식로라고 합니다.

맥밀런과 플루토늄

증식로 속에서 우라늄-238이 플루토늄으로 변한다는 것을 알았으니, 이제 그 실체를 직접 확인해야 할 겁니다. 이 일은 미국의 맥밀런(Edwin McMillan, 1907~1991)이 선구자였습니다. 그는 1951년 노벨 화학상을 수상했지요. 맥밀런은 플루토늄을 찾아 나서기에 앞서, 그보다 원자 번호가 하나 낮은 원소 추적에 먼저 뛰어들었습니다.

맥밀런의 사고 실험을 따라가 봅시다.

우라늄-238이 중성자를 잡아끌어요.

우라늄-238에 중성자가 하나 더해진 셈이에요.

핵에 중성자가 하나 더 늘었으니, 우라늄-239가 된 거예요.

우라늄-239는 안정되지 않은 원소예요.

불안정하니 붕괴해서 새로운 원소가 될 거예요.

방사성 원소는 알파 방사선, 베타 방사선, 감마 방사선을 두루 방출하면서 안정된 원소로 변하지요. 우라늄-239는 베타 방사선을 내놓으면서 붕괴하는데, 이때 만들어지는 원소가 원자 번호 93번인 넵투늄-239입니다.

우라늄-238+중성자 ➡ 우라늄-239 ➡ 넵투늄-239

맥밀런은 중성자로 우라늄을 때리는 실험을 통해 미지의

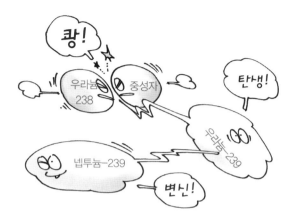

원소를 분석했고, 그것이 기존에 알려지지 않은 새로운 원소 넵투늄-239라는 것을 밝혀내었습니다. 하지만 이것이 맥밀런 연구의 끝은 아니었습니다. 맥밀런은 넵투늄-239 다음의 원소를 찾아 나섰습니다.

맥밀런의 사고 실험을 계속 따라가 보겠습니다.

넵투늄-239도 불안정하기는 우라늄-239와 마찬가지예요.
넵투늄-239가 방사선을 내놓으면서 붕괴해요.

넵투늄-239는 우라늄-239와 마찬가지로 베타 방사선을 내놓는 붕괴를 하지요.

사고 실험을 이어 가겠습니다.

베타 붕괴는 질량수가 변하지 않아요.

대신 원자 번호는 하나 늘어요.

그러니 새롭게 생기는 원소는 넵투늄-239와 질량수가 같을 거예요.

그러나 원자 번호는 하나 늘어서 94번이 될 거예요.

여기서 생겨난 원소가 원자 번호 94번인 플루토늄-239이지요. 플루토늄-239의 추출은 미국의 화학자인 시보그의 몫으로 넘어갑니다.

우라늄-238 + 중성자 ➡ 우라늄-239 ➡ 넵투늄-239
➡ 플루토늄-239

시보그와 플루토늄

시보그(Glenn Seaborg, 1912~1999)는 1951년 맥밀런과 함께 노벨 화학상을 공동 수상한 과학자이지요. 시보그는 원자 번호 94번의 원소를 찾는 데 뛰어들었습니다.

중성자와 우라늄 광석이 핵반응을 하고 난 핵물질 더미 속에서 플루토늄을 뽑아내는 것은 결코 쉬운 일이 아니었습니다. 방 안 가득히 쌓아 놓은 500원짜리 동전 꾸러미에서 100원짜리 동전 하나를 찾아내는 격이었으니까요. 우라늄 100여 kg을 핵반응시켜서 얻을 수 있는 플루토늄은 고작 수천분의 1g에 불과했지요. 시보그는 이 어려움을 이렇게 호소했습니다.

"눈에 보이지도 않는 만큼을 눈에 보이지도 않는 저울로 찾아내야 했습니다."

시보그는 미세한 양을 조작하는 기술을 습득했습니다. 미세 물질과의 싸움은 적잖은 인내를 요구하는 힘겹고 지루한 작업이었습니다. 시보그는 이 분야에서 선도적인 업적을 쌓은 과학자들로부터 깊이 있는 조언을 듣고, 그들의 제자를

불러다가 플루토늄 채취에 투입했습니다. 그리하여 마침내 플루토늄이라는 열매를 따는 데 성공했습니다.

플루토늄이라는 이름은 시보그가 붙인 것입니다. 플루토늄은 태양계의 행성에서 따온 이름이지요. 원자 번호 92번 원소인 우라늄은 천왕성(우라노스, Uranus)에서, 93번 원소인 넵투늄은 해왕성(넵투누스, Neptune)에서 따와 지었으니, 94번 원소는 한때 태양계의 마지막 행성이었던 명왕성(플루토, Pluto)에서 따오는 것이 자연스럽다는 의견에 따라 플루토늄이라고 지은 것이지요. 그리고 시보그는 플루토늄의 약자를 Pu(Plutonium)로 정했습니다.

플루토늄은 원자 폭탄의 개발에 또 하나의 새로운 이정표를 찍었습니다. 우라늄-235의 분리와 같은 동위 원소 방법을 사용하지 않고도 핵 원료를 얻을 수 있는 길을 열어 주었기 때문입니다.

핵분열을 못하면 핵에너지를 방출하지 못하니까 우라늄-238은 별로 쓸모가 없나요?

그렇지 않아요.

우라늄-238은 핵에너지를 내놓지 못하지만 핵에너지를 내보내는 물질을 새롭게 만들어 준답니다.

어떻게요?

우리도 쓸모 있다고!!

우라늄-238 우라늄-238 우라늄-238

우라늄-238을 중성자와 충돌시키면 양성자 94개, 중성자 145개를 갖는 인공 방사성 원소인 플루토늄-239로 변해요.

인공적으로 만들어진 것이라서 인공 방사성 원소군요. 이런 원소들이 또 있나요?

우리 둘이 만나면…

우라늄-238 중성자 → 플루토늄-239

내가 되지!

크립톤-85, 스트론튬-89, 루테늄-106 등 많이 있지요.

정말 여러 종류가 있군요.

인공 방사성 원소

크립톤 - 85
스트론튬 - 89
루테늄 - 106
텔루르 - 132
크세논 - 133
세슘 - 137
바륨 - 140
세륨 - 114

천연 방사성 원소

84번 폴로늄
86번 라돈
88번 라듐
92번 우라늄

인공 방사성 원소는 핵분열을 일으키는 능력이 있어서 원자력 발전과 핵무기를 제조하는 데 널리 이용한답니다.

그럼 자연에 천연적으로 존재하는 방사성 원소는 무엇이 있나요?

핵무기 제조

원자력 발전

대표적으로 우라늄-238이 있어요. 또한 원자 번호 84번인 폴로늄, 88번인 라듐 등도 자연 방사성 원소들이지요.

그렇군요. 쓸모없을 줄 알았던 우라늄-238이 새로운 핵분열 물질인 플루토늄-239로 바뀐다는 게 신기하네요.

5

임계 질량과
첫 원폭 실험

핵분열을 일으키려면 적정한 양의 우라늄이나 플루토늄이 필요한데,
핵분열의 연쇄 반응을 일으키는 데 필요한 적정 질량을 임계 질량이라 합니다.

5

다섯 번째 수업

임계 질량과
첫 원폭 실험

페르미가 학생들을 둘러보면서
다섯 번째 수업을 시작했다.

임계 질량

핵분열은 야누스의 얼굴처럼 양면을 지니고 있지요. 하나는 연쇄 반응을 적절히 조절하여 핵에너지를 인류 발전에 사용하는 것이고, 다른 하나는 연쇄 반응을 촉진시켜서 생명체를 살상하는 핵폭탄으로 이용하는 것입니다.

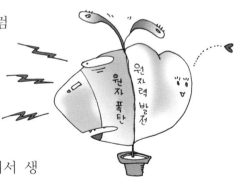

핵분열이 일어나려면 일정한 상태에 도달해야 하지요. 이 것을 임계 상태라고 합니다. 그리고 핵분열을 일으키기 위해 필요한 적정한 양을 임계 질량이라고 합니다. 그러니까 연쇄 반응을 일으키는 데 드는 최소의 양이 임계 질량인 셈이지 요. 우라늄이 임계 질량보다 적으면 원자 폭탄은 불발이 되 어 버리지요. 쉭쉭거리는 소리만 요란스럽게 내다가 이내 꺼 져 버리는 불발탄처럼 말이에요.

과학자의 비밀노트

임계(criticality)
어떠한 물리 현상이 갈라져서 다르게 나타나기 시작하는 경계를 말한다.

임계 상태(critical state)
어떤 물질 또는 현상의 성질에 변화가 생기거나 그 성질을 지속시킬 수 있는 경계가 되는 상태를 가리키는 말이다. 원자로에서 원자핵 분열의 연 쇄 반응이 지속되어 중성자 수가 일정한 상태를 말한다.

임계 질량(critical mass)
　무거운 원자핵을 중성자와 충돌시켜 분열시킨 뒤, 이로 인해 다시 생 성된 중성자로 핵분열 연쇄 반응을 유지할 수 있는 한계의 최소 질 량이다. 중성자가 달아나지 않고 다시 원자핵과 충돌하기 위해서는 핵분열성 물질이 어느 정도 이상의 질량을 갖고 있어야 한다.

꿈이 아닌 원자 폭탄

우라늄의 임계 질량에 대한 연구는 프랑스의 물리학자 페랭(Francis Perrin, 1901~1992)이 선구자라고 볼 수 있습니다. 그는 1926년 노벨 물리학상을 수상한 장 페랭(Jean Perrin, 1870~1942)의 아들이지요.

페랭은 천연 우라늄을 대상으로 임계 질량을 구했는데, 그 값이 무려 44톤이란 엄청난 양이었습니다. 그러면서 그는 천연 우라늄에서 나오는 중성자 이탈을 막으면 임계 질량을 13톤으로까지 줄일 수 있다고 주장했습니다.

44톤에서 13톤으로 줄일 수 있다는 건 여러모로 엄청난 이득이 아닐 수 없습니다. 하지만 13톤도 결코 적은 양은 아니

원자 폭탄 하나 만드는 데 이만큼을 써야 한다니, 나 참!

우라늄

지요. 아니, 솔직히 폭탄 1개의 질량으로서는 어마어마한 양입니다. 원자 폭탄 하나 만드는 데 이만한 양의 천연 우라늄이 필요하다면, 이건 이미 무기로서의 실용적인 가치를 상실해 버린 거나 마찬가지이지요. 이만한 양의 폭탄을 대포 포신에 꾹꾹 쑤셔 넣어서 발사할 수 있는 것도 아니고, 폭격기에 실어서 적진에 그대로 투하할 수 있는 것도 아닐 테니까요.

프리슈는 천연 우라늄이 아닌 농축한 우라늄-235를 이용하면, 임계 질량이 어느 정도나 될 것인가를 파이얼스와 논의했습니다. 파이얼스(Rudolf Peierls, 1907~1995)는 프리슈가 코펜하겐에서 영국으로 자리를 옮기고 난 후 알게 된 사람으로, 히틀러가 정권을 잡자 영국으로 귀화한 유대인 물리학자였지요.

천연 우라늄에는 우라늄-238과 우라늄-235가 섞여 있지요. 그러나 그 비율이 엄청나게 다르답니다. 핵분열에 도움이 안 되는 우라늄-238은 99.3%나 존재하는 반면, 핵분열에 절대적으로 필요한 우라늄-235는 0.7%밖에 없지요. 그래서 미세하게 분포해 있는 우라늄-235만을 끄집어 내어서 순도를 높여야 하는데, 이걸 우라늄 농축이라고 합니다.

프리슈와 파이얼스는 우라늄-235의 임계 질량을 구해 보았고, 그 계산 결과에 화들짝 놀라지 않을 수 없었습니다.

우라늄-235
수 kg만 있으면
원자 폭탄이
가능하다니!

프리슈

"믿어지지 않아!"

수 kg 정도의 우라늄-235만 추출해 내면 핵분열을 일으키는 데 충분하다는 결론이 나온 것입니다.

원자력 에너지와 더불어 핵분열이 내놓는 원자 폭탄이라는 또 하나의 에너지 괴물이 이제 코앞에 다가온 셈입니다. 프리슈와 파이얼스는 폭발의 순간을 구체적으로 그려 보았습니다.

연쇄 반응이 엄청난 속도로 이어집니다.

$\frac{1}{1,000,000}$ 초 안에 태양보다 높은 온도에 이르고,

압력은 지구 중심보다 높아집니다.

이내 거대한 폭발이 일어납니다.

질량-에너지 등가 원리에 따라서 발생한 무지막지한 에너지가

사방으로 방출됩니다.

주변의 사물은 온데간데없이 사라지고 맙니다.

프리슈와 파이얼스는 서로의 얼굴을 쳐다보았습니다. 그들의 얼굴에 원자 폭탄이 더는 꿈의 산물이 아니라는 표정이 또렷이 보였습니다.

원폭 실험 1

프리슈와 파이얼스를 비롯한 여러 과학자들의 도움으로 원자 폭탄이 마침내 미국에서 만들어지게 되었지요. 원자 폭탄의 첫 모의 실험은 1945년 7월 16일 미국 로스앨러모스의 인근 지역에서 실시되었습니다. 그곳에 강철로 30m 높이의 탑을 세우고 원자 폭탄을 설치해서 터뜨릴 예정이었습니다. 이곳을 그라

여기가
그라운드 제로

폭탄 설치 장소

운드 제로라고 불렀습니다.

그라운드 제로에서 10여 km 떨어진 북쪽, 남쪽, 서쪽 세 지점에 각각 관측소를 세웠습니다. 북쪽 관측소에서 서쪽으로 30여 km 떨어진 곳에 언덕이 있었는데, 과학자들이 이곳에서 원자 폭탄의 위력을 직접 확인할 예정이었습니다.

원자 폭탄에는 100여 개의 폭약이 필요했습니다. 폭약은 핵 원료가 폭발하는 걸 도와줍니다. 원자 폭탄이 육군의 삼엄한 호위를 받으며 옮겨졌고, 이내 그라운드 제로에 원자 폭탄을 설치했습니다.

그라운드 제로의 탑 꼭대기에는 지붕을 씌웠습니다. 그리고 서쪽 면만 남겨 두고 나머지는 전부 강판으로 막았습니다. 서쪽 면을 막지 않은 건 고속 카메라로 폭발 과정을 찍기 위해서였습니다.

이제 문제는 일기였습니다.

"7월 16일의 날씨는 어떻다고 합니까?"

그로브스가 물었습니다. 그로브스(Leslie Groves, 1896~1970)는 원자 폭탄 제조 계획(맨해튼 프로젝트)을 총지휘한 미 육군의 군인이었지요. 좋지 않을 것 같다는 보고가 올라왔으나, 그로브스는 폭발 실험을 예정대로 실시하기로 했습니다.

기상 관측 팀은 일기 상황을 수시로 살폈습니다. 북쪽으로

바람이 불고 있었고, 검은 구름이 까맣게 밤하늘을 뒤덮고 있었습니다. 조만간 폭풍우라도 휘몰아칠 기세였습니다. 자정이 넘고 새벽 2시가 되자, 우려했던 일이 현실로 일어났습니다. 번개와 천둥소리를 동반하며 비가 쏟아지기 시작했습니다. 기상 상황이 이렇듯 최악으로 치닫자 이젠 비가 문제가 아니었습니다. 번개에 온 신경이 쏠리지 않을 수 없었습니다.

"일기 상황이 언제쯤 종료될 것 같습니까?"

그로브스가 물었습니다.

"새벽녘이 되어야 잦아질 것 같습니다."

"정확한 시간을 말해 보시오."

그로브스가 다소 격앙된 음성으로 말했습니다.

"새벽 4시 실험은 어려울 것 같습니다."

그로브스의 얼굴이 굳어졌습니다.

"그렇다면?"

"5시나 6시 사이는 가능할 것 같기도 합니다만……."

기상 관측 팀장도 자신이 없는 말투였습니다. 그로브스는 실험을 감행해야 할지 말아야 할지 고민에 빠졌습니다.

"실험을 5시 30분으로 변경하겠습니다."

시간이 흐르자 구름이 걷히고 별이 하나 둘 보이기 시작하는 등 일기가 조금씩 나아지는 조짐이 보였습니다.

원폭 실험 2

싸늘한 새벽녘, 시계는 남은 시간을 좁혀 갔습니다. 폭파 20분 전, 주 스위치를 열어서 시계를 작동시켰습니다. 사람들의 손길이 바빠졌습니다.

5시 29분 경고 로켓을 발사했고, 사이렌이 짧게 울렸습니다. 핵 바람이 부는 반대쪽으로 얼굴을 묻으라는 지시를 지키는 과학자는 찾아보기 어려웠습니다. 누구나 원자 폭탄의 폭발 순간을 두 눈으로 똑똑히 확인하고 싶어 했습니다.

마지막 10여 초를 남기고 통제실의 종이 울렸습니다. 탐조등의 불빛이 그라운드 제로의 탑을 향해서 집중되었습니다. 이전에는 볼 수 없었던 무시무시한 힘이 이제 막 탄생하려는 최후의 몸부림을 치고 있었습니다.

"3초, 2초, 1초."

마침내 원자 폭탄이 폭발했습니다.

주변은 대낮처럼 환하게 밝았습니다. 어찌나 밝았던지 잠시 앞을 보지 못할 지경이었습니다. 흡사 태양을 정면으로 마주 보고 있는 것 같았습니다.

거대한 불덩어리가 부글부글 끓어올랐습니다. 대기에 거대한 불이 붙는 것 같았습니다. 불덩어리가 점점 커지더니 이

내 구름을 뚫고 상승했습니다. 노랑, 주홍, 초록으로 어우러진 버섯구름이 만들어졌습니다. 상상의 도를 넘어선 장엄한 영상에 압도당하지 않는 사람은 없었습니다.

원자 폭탄은 2가지 방법으로 만들 수 있답니다. 하나는 우라늄-235를 이용하는 것이고, 또 하나는 플루토늄-239를 이용하는 것입니다. 이날 사용한 원자 폭탄은 플루토늄-239를 이용한 것입니다.

폭발 40초 후, 핵 폭풍이 강하게 불었습니다. 벌떡 일어서서 핵폭발 순간을 마주 보고 있던 과학자가 뒤로 벌렁 나자빠졌습니다. 원자 폭탄이 대단하다고는 해도 자신이 서 있는 곳까지 영향을 미치리라곤 감히 상상하지 못했던 것이지요.

그라운드 제로에서 그곳까지는 8km가량 떨어져 있었기 때문입니다.

그라운드 제로에 세운 탑은 흔적도 없이 사라져 버렸습니다. 땅바닥에 콘크리트 철근만 약간 솟아 나와 있을 뿐이었습니다. 포장도로는 모래가 녹아 엉겨서 석영처럼 빛나고 있었습니다.

그라운드 제로에서 800m 떨어진 곳에 있던 토끼가 새까맣게 타 죽어 있었습니다. 상공 1.5km의 대기는 순식간에 400여 ℃까지 치솟았습니다. 5km 떨어진 농가의 창문이 부서졌습니다. 15km 내외에서도 똑바로 쳐다보지 못할 만큼 빛은 강렬했습니다. 이 정도의 폭발 에너지라면 인구 30~40만 사이의 도시를 완전히 파괴할 수 있었습니다.

핵 폭풍이 잦아들자 과학자들이 관측소에서 나왔습니다. 그들의 표정은 엄숙함 그 자체였습니다.

"당신이 자랑스럽습니다."

그로브스가 말했습니다.

"감사합니다."

오펜하이머(Julius Oppenheimer, 1904~1967)가 대답했습니다. 오펜하이머는 원자 폭탄 계획의 과학자들을 총괄하는 연구 소장이었습니다.

핵폭탄의 위력은 정말 대단하군요. 실제로는 저런 일이 불가능하겠죠?

핵분열의 연쇄 반응을 촉진시키면 가능하지요.

핵분열의 연쇄 반응을 어떻게 일으키나요?

우선 핵분열을 일정하게 유지시켜 주는 상태에 도달해야 해요.

그리고 핵분열을 일으키기 위한 임계 질량의 우라늄이 필요하지요. 천연 우라늄에는 핵분열에 필요한 우라늄-235가 겨우 0.7%만 들어 있어요.

그럼 엄청나게 많은 양의 천연 우라늄이 필요하겠군요?

우라늄-238 99.3%

우라늄-235 0.7%

핵분열 임계 질량 : 핵분열 물질이 연쇄 반응을 할 수 있는 최소의 질량

그래요. 천연 우라늄에 아주 소량 들어 있는 우라늄-235만을 추출해서 순도를 높이는 농축 작업을 해야 해요.

고농축(농축 공장)

원심 분리기

그럼 얼마만큼의 우라늄-235를 추출해내야 하나요?

바로 그것을 프리슈와 페이얼스가 알아냈는데, 핵분열에 필요한 우라늄-235의 임계 질량이 수 kg 정도면 된다는 결론을 이끌어냈지요.

겨우 수 Kg이면 원자 폭탄을 만들어 내다니…!

프리슈   페이얼스

정말 핵폭탄이 터지는 일이 현실적으로 가능하겠군요.

그렇지요. 핵폭탄의 위력은 영화에서 보듯이 엄청나기 때문에 지금은 이 기술을 함부로 쓰지 못하도록 전 세계적으로 조약을 체결하고 있어요.

아인슈타인과 원자 폭탄

무시무시한 핵에너지를 설명하는 $E=mc^2$을
유도해 낸 아인슈타인과 원자 폭탄에 대해 알아봅시다.

6

아인슈타인과
원자 폭탄

교. 고등 물리 II   3. 원자와 원자핵
과.
연.
계.

페르미가 아인슈타인의
업적에 대해 설명하면서
여섯 번째 수업을 시작했다.

아인슈타인에 대한 오해

우리는 아인슈타인 하면 원자 폭탄을 떠올립니다. 아인슈
타인이 원자 폭탄 제조에 깊이 관여했다고 보는 것이지요.
그러나 이것은 사실이 아니랍니다. 아인슈타인은 원자 폭탄
제조에 실질적으로 관여하지 않았습니다. 아인슈타인은 늘
이렇게 대답했지요.

"원자 폭탄을 탄생시키는 데 내가 한 일은, 미국이 독일보
다 앞서서 핵무기를 개발해야 한다고 루스벨트 대통령에게

편지를 쓴 것뿐입니다.”

아인슈타인은 이러한 행동을 했다는 것만으로도 무척이나 후회스러워했습니다. 〈뉴스위크〉와의 인터뷰에서는 이렇게까지 말했지요.

“독일이 원자 폭탄을 만들지 못할 거라는 사실을 알았더라면, 나는 아무것도 하지 않았을 겁니다. 당연히 루스벨트 대통령에게 편지도 쓰지 않았겠지요.”

원자 폭탄 제조 계획인 맨해튼 프로젝트에 아인슈타인이라는 이름은 빠져 있습니다. 미국 정부는 아인슈타인이 합류하는 걸 원치 않았습니다. 아인슈타인이 원자 폭탄과 관련된 비밀을 독일에게 알려 줄지 모른다고 보았거든요.

그런데도 아인슈타인이 핵무기와 관련되어 곤욕을 치르는 건, 그 유명한 질량-에너지 등가 원리 때문입니다. 아인슈타인이 멋지게 유도해 낸 $E=mc^2$은 원자 폭탄이 방출하는 무시무시한 핵에너지를 명확히 설명해 주지요.

그렇지만 이 공식만으로는 원자 폭탄을 만들 수 없습니다. 원자 폭탄을 제조하려면 구체적이고도 복잡한 여러 가지 과학 기술이 필요하지요. 우라늄 광석에서 우라늄-235를 뽑아내서 농축시키는 일, 증식로 속의 여러 핵물질 가운데서 플루토늄을 추출해 내는 일, 원자 폭탄의 임계 질량을 정확히 산출해 내는 일, 원자 폭탄 내부에 폭약을 꼼꼼히 설치하는 일 등 수많은 어려움을 해결해야 한답니다. 이러한 실질적인

과정에 아인슈타인이 기여한 건 아무것도 없습니다.

아인슈타인은 이렇게 말했지요.

"나는 내가 핵에너지를 개척한 선구자라고 생각하지 않습니다. 내 역할은 아주 미미했을 뿐입니다."

아인슈타인은 미국이 원자 폭탄을 사용하는 걸 결단코 원하지 않았습니다. 하지만 원자 폭탄은 사용되었지요.

아인슈타인의 핵 비무장화 노력

아인슈타인은 인생의 마지막 10년을 핵무기 폐기에 바쳤습니다. 1945년 12월 아인슈타인은 말했습니다.

"전쟁은 연합국이 승리했습니다. 그러나 평화는 아직 찾아오지 않았습니다."

제2차 세계 대전이 끝나자 이번에는 미국과 소련이 앙숙이 되었습니다. 미국을 선두로 한 자유 민주 국가와 소련을 필두로 한 공산주의 국가 사이에 냉전이 시작된 것입니다. 미국과 소련은 핵무기 경쟁을 벌였지요. 처음에는 미국만이 원자 폭탄을 소유한 유일한 국가였으나 곧이어 소련이 원자 폭탄을 갖게 되었습니다.

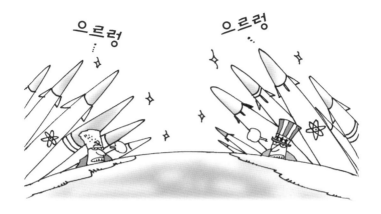

아인슈타인은 두 초강대국이 앞뒤 가리지 않고 핵무기 경쟁에 뛰어드는 걸 심히 당혹스럽게 지켜보았습니다. 그리고 이것이 새로운 충돌을 야기해 인류 문명을 위협할지도 모른다고 보았습니다. 아인슈타인은 전쟁을 막아야 한다고 주장했습니다. 1950년 2월에는 미국의 국영 텔레비전에 나와서 핵무기의 위험성을 알리기도 하였습니다.

그러나 그러한 노력에도 불구하고 미국과 소련의 핵무기 경쟁은 그칠 줄 몰랐습니다. 그것은 쉼 없이 내달리는 전차 같았습니다. 이내 두 국가는 수소 폭탄까지 보유하기에 이르렀지요.

하지만 아인슈타인은 평화를 위한 투쟁을 포기하지 않았습니다. 더욱 공고한 국제 협력과 비무장을 외쳤습니다. 아인슈타인은 과학자들과 핵무기 폐기 투쟁에 적극적으로 나섰습니다. 그중의 하나가 폴링과 함께 시작한 '과학의 사회적 책무를 이끄는 협회'를 창립한 것이었습니다.

폴링(Linus Pauling, 1901~1994)은 1954년 노벨 화학상과 1962년 노벨 평화상을 수상한 과학자이지요. 두 사람은 군사와 관계된 일에 과학자들이 참여하지 말 것을 요청했습니다.

1955년 4월에는 러셀-아인슈타인 선언을 발표했습니다. 러셀(Bertrand Russell, 1872~1970)은 영국의 수학자이면서 철학자로, 핵 비무장을 지지하는 선도적인 학자였지요. 러셀-아인슈타인 선언은 모든 국가가 핵무기를 폐기하고 더는 전

쟁을 하지 말 것과 과학 기술의 평화로운 이용을 호소한 선언문입니다. 아인슈타인은 선언문에 즉각 서명했습니다.

당시 아인슈타인은 건강이 몹시 좋지 않은 상태였지요. 아인슈타인은 서명 일주일 후에 사망했습니다. 아인슈타인은 핵무기 사용을 적극적으로 반대한 가장 대표적인 인물이었던 겁니다.

만화로 본문 읽기

아인슈타인이 핵무기와 관련해 어떤 일을 했는지 이야기 좀 해 주세요.

아인 슈타인

아인슈타인은 인생의 마지막 10년을 핵무기 폐기에 바쳤지요.

제2차 세계 대전이 끝나자 미국과 소련은 핵무기 경쟁을 벌였고, 처음에는 미국만이 원자 폭탄을 소유한 유일한 국가였으나, 곧이어 소련도 갖게 되었지요.

두 나라의 핵무기 경쟁이 더 치열해졌겠군요?

네. 그래서 아인슈타인은 전쟁을 막기 위해서 1950년 2월에 미국의 국영 텔레비전에 나와서 핵무기의 위험성을 알렸지요.

그래서 두 나라는 핵무기 경쟁을 그쳤나요?

핵무기 반대!!

아니요! 안타깝게도 미국과 소련의 핵무기 경쟁은 그칠 줄 몰랐고 두 국가는 수소 폭탄까지 보유하기에 이르렀어요.

정말 안타깝네요.

아인슈타인은 평화를 위한 투쟁을 포기하지 않고 노벨 평화상을 수상한 과학자 폴링과 함께 '과학의 사회적 책무를 이끄는 협회'를 창립했지요.

핵무기 절대 반대!!

대단하네요.

군사와 관계된 일에는 과학자들이 참여하지 말자.

1955년에는 러셀과 함께 국가가 핵무기를 폐기할 것 등을 요구하는 러셀-아인슈타인 선언을 발표했어요. 그리고 서명 일주일 후에 사망했답니다.

아인슈타인은 핵무기 사용을 적극적으로 반대한 대표적인 인물이었군요.

러셀-아인슈타인 선언문

7

핵 참사와 핵폐기물

체르노빌 원자력 발전소 사고는 어떻게 일어나게 되었을까요?
또 핵폐기물은 어떻게 처리해야 하는지 알아봅시다.

페르미가 안타까운 표정으로
일곱 번째 수업을 시작했다.

체르노빌의 재앙

석탄이나 석유를 화석 연료라고 하지요. 화석 연료는 좋은
에너지원입니다. 그러나 화석 연료만으로는 하루가 다르게
발전하는 인류 문명을 충족시켜 줄 수가 없었습니다. 새로운
에너지원이 절실했고, 핵에너지가 그 수요를 충분히 보충해
주었습니다. 하지만 핵에너지는 핵 오염이라는 간과할 수 없
는 취약점을 안고 있는데, 그 우려스러운 예가 1986년 4월에
발생했습니다.

　운명의 금요일 새벽 1시 무렵, 우크라이나의 밤하늘을 갈라 놓는 굉음이 들려왔습니다. 검디검은 천지를 붉은 기운으로 휘감아 버릴 듯이 엄청난 기세로 불길이 거세게 타올랐습니다.

　"어떻게 저런 일이……!"

　체르노빌의 핵 발전소 인근 주민들은 넋을 잃고 거대한 불기둥을 불길한 예감으로 응시할 뿐이었습니다.

　그러나 이러한 대형 참사가 터졌건만 소련 정부는 쉬쉬하며 사건 감추기에만 급급했습니다. 즉각 대피 명령을 내리지 않은 건 말할 것 없고 언론의 보도마저 철저히 통제했습니다. 국제 원자력 기구가 대규모 방사능 누출을 간파하고, 긴급회의를 소집했을 때도 소련 당국은 우려할 만한 사고가 아니라고 했지요. 소련 정부는 인류적 재앙을 은폐하고 축소시키는 데에만 몰두했던 겁니다.

하지만 소련의 반체제 핵물리학자인 사하로프(Andrei Sakharov, 1921~1989) 박사를 위시한 양심 세력과 국제적 여론에 떠밀려 체르노빌의 피해 진상이 서방에 알려지게 되었습니다. 체르노빌에 건설한 원자로가 섬뜩한 대폭발을 일으켜 주변 지역을 심각하게 오염시켰고, 40만 명이 넘는 난민과 900만 명에 이르는 방사능 피폭자를 양산했습니다.

체르노빌의 재앙은 인류 최악의 핵 참사 중 하나로 기록되어 있답니다.

과학자의 비밀노트

체르노빌 원자력 발전소 사고(Chernobyl disater, reactor accident at the Chernobyl nuclear power plant)

1986년 4월 26일 1시 23분(모스크바 기준 시간)에 소련(현재 우크라이나)의 체르노빌 원자력 발전소의 원자로 4호기의 비정상적인 핵반응으로 발생한 열이 감속재인 냉각수를 열분해시키고, 그에 발생한 수소가 원자로 내부에서 폭발함으로써 생긴 사고이다. 폭발은 원자로 4호기의 천정을 파괴하였으며, 파괴된 천장을 통해 핵반응을 통해 생성된 방사성 물질들이 누출되었다.

이 사고로 발전소에서 누출된 방사성 강하물이 우크라이나와 벨라루스, 러시아 등에 떨어져 심각한 방사능 오염을 초래했다. 사고 후 소련 정부의 대응 지연에 따라 피해가 더 광범위해져서 사상 최악의 원자력 사고 가운데 하나가 되었다.

방사선과 돌연변이

    방사선은 유전자와 염색체의 구조를 변화시켜서 돌연변이를 일으킵니다.

    유전자의 내부가 어떻게 배열돼 있느냐에 따라서 단백질이 제대로 합성되고 안 되고 하는 것이 결정되지요. 유전자 속에는 염기쌍이라는 것이 있는데 이것 하나가 다른 것으로 바뀌거나, 새로운 것이 추가되거나, 아예 빠져 버리거나, 자리바꿈하거나, 위치가 완전히 뒤바뀌는 경우 부실한 단백질이 만들어지곤 합니다. 때로는 단백질이 형태조차 갖추지 못하는 심각한 상황이 생기기도 하죠. 그러니 유전자 내부의 순서에 이상이 생기면 어떻게 되겠어요? 유전자가 변하고, 몸에 이상 징후가 나타날 겁니다.

염색체가 이상을 일으키는 경우도 유전자와 크게 다르지 않습니다. 염색체가 끊어지거나, 일부가 빠져 버리거나, 몇 개가 더해지거나, 끊어진 부위가 180도 뒤바뀌어서 다시 연결되거나, 떨어져 나간 것이 다른 곳에 가서 달라붙게 되면 인체에 이상 현상이 나타나게 되지요. 심하면 자손을 가질 수 없게도 된답니다.

방사선 검출기

방사선은 보이지 않아요. 그리고 맛과 냄새도 없고 느낄 수도 없어요. 그래서 기계의 힘을 빌려서 방사선이 있는지 없는지를 확인하는데, 이때 사용하는 것이 방사선 검출기입니다. 방사선을 검출하는 기계는 다양한데, 여기서는 대표적으로 가이거 계수기, 섬광 검출기, 안개상자 등을 간단히 알아보도록 하겠습니다.

가이거 계수기는 가장 오래된 방사선 검출기로, 가이거-뮐러 계수기라고도 부릅니다. 마이크 비슷한 금속의 통처럼 생겼고, 통에는 기체가 들어 있지요. 방사선이 포착되면 기체와 반응해서 틱틱 하는 소리가 난답니다.

방사선이 빛을 내는 물질과 충돌하면 빛이 나오는데, 이러한 원리를 이용해서 방사선을 포착하는 기계가 섬광 검출기입니다. 섬광 검출기는 가이거 계수기보다 우수한 검출기로, 보다 효율적으로 방사선을 검출합니다.

안개상자는 원통 모양의 유리 상자 안에 수증기나 알코올 증기가 들어 있습니다. 방사선이 안개상자를 지나면 작은 물방울이 생기면서 자취가 확연하게 나타나지요. 초고속 전투기가 비행한 상공에 흰 띠가 생기는 것처럼 말이에요.

핵폐기물 1

핵 발전을 하고 나면 방사성 물질이 생깁니다. 장작으로 불을 떼고 나면 숯이 남는 것처럼 말이에요. 방사성 물질은 방사능이 있어서 인체에 몹시 해롭지요. 그런 만큼 조심스럽게 다루어야 합니다.

방사성 물질은 핵 발전소의 기계 보수 작업을 하거나 청소를 하다가도 묻을 수가 있습니다. 예를 들어 작업복이나 장갑에 옮겨지고, 걸레와 휴지에 묻을 수가 있지요. 그리고 핵 발전소에서 내보내는 폐수에도 섞여 있을 수 있고, 그걸 거르는 필터에 걸러지기도 한답니다.

이것을 핵폐기물이라고 합니다.

방사성 물질이 묻어 있다.

이처럼 방사성 물질을 약간이라도 포함하고 있는 폐기물을 핵폐기물(또는 방사성 폐기물)이라고 합니다.

핵폐기물의 대부분은 핵 발전소에서 나오지만, 그렇다고 핵폐기물이 핵 발전소에서만 나오는 것은 아니랍니다. 병원의 방사선과와 핵의학과, 방사선 물질을 다루는 학교, 방사선을 사용하는 공장과 연구소도 핵폐기물을 방출하지요. 그래서 이런 곳도 핵폐기물 처리에 각별한 주의를 해야 한답니다.

핵폐기물은 방사선의 양이 어느 정도이냐에 따라서 저준위 핵폐기물, 중준위 핵폐기물, 고준위 핵폐기물로 구분합니다. 핵 발전소 이외의 곳에서 나오는 것은 대개가 저준위와 중준위 핵폐기물이지요.

1997년 초 대만이 북한에 핵폐기물을 수출하겠다고 비밀리에 계약한 일이 있었습니다. 이때의 핵폐기물은 방사선 세기가 그다지 강하지 않은 저준위 핵폐기물이었습니다. 그러나 방사선의 세기가 강하지 않다고 해서 그냥 간과해서는 안 됩니다. '가랑비에 옷 젖는다'는 말이 있듯이, 저준위 핵폐기물도 양이 많으면 무시할 수 없거든요.

저준위 핵폐기물과 중준위 핵폐기물은 철로 만든 통에 넣어서 시멘트로 응고시킨 상태로 저장합니다. 철제 통은 핵 오염 물질이 새어 나오지 않도록 철저한 부식 방지 장치를

하고, 운반 도중에 파손이 되지 않도록 튼튼한 제품을 사용합니다. 그렇게 밀봉한 핵폐기물은 두터운 콘크리트 저장고에 보관합니다.

원자로에서 타고 남은 핵연료는 강력한 방사선을 내는 고준위 핵폐기물입니다. 이것은 저준위 핵폐기물이나 중준위 핵폐기물과는 달리 상당히 신중한 처리가 요구되지요. 왜냐하면 고준위 핵폐기물에는 플루토늄-239와 같은 원자 폭탄의 재료와 여러 중요 원소가 들어 있기 때문이지요. 그래서 고준위 핵폐기물을 그냥 버리지 않고 아주 다양한 용도로 활용하는데, 한국도 훗날 긴요히 재활용하기 위해서 특수 저장고에 잘 보관하고 있답니다.

  핵 발전소에서 나오는 핵폐기물은 기체, 액체, 고체로 다양합니다.

  방사성 물질이 공기에 섞여서 나오는 경우가 있는데 이것이 기체 핵폐기물입니다. 방사선으로 오염된 공기는 즉각 저장 탱크로 보내서 인체에 무해해질 때까지 가두어 둡니다. 저장 탱크에 설치한 검침계가 방사선 양이 최저치가 되었다고 알려 주면 공기를 수차례 여과 장치로 거른 후, 밖으로 배출합니다. 공기를 거른 여과 필터는 시멘트에 섞어 굳힌 후에 특수 제작한 철제 통에 넣어서 완전 밀봉합니다.

핵 발전소에서 방출한 물이나 폐수에는 방사성 물질이 포함되어 있는데, 이것이 액체 핵폐기물입니다. 액체 핵폐기물은 발전소 곳곳에 설치한 특수 저장소에서 걸러서 정제합니다. 여과기를 통과한 물에 방사성 물질이 조금이라도 들어 있으면 검출기가 민감하게 감지해 방사성 물질의 방출을 자동으로 차단합니다. 여과 필터와 남은 폐수 찌꺼기는 기체 핵폐기물과 마찬가지로 시멘트로 굳히고 철제 통에 완전 밀봉해 저장합니다.

고체 핵폐기물은 방사성 물질이 묻은 쓰레기나 장갑, 작업복, 파이프 같은 것을 말합니다. 이들은 압축하거나 태워서 부피를 줄이고 방사능을 약화시킨 후에 다른 폐기물처럼 철제 통에 넣어서 저장합니다.

그런 다음 기체, 액체, 고체 핵폐기물을 일시 보관소에서 꺼내 영구 보관 장소로 조심스럽게 옮긴답니다.

핵 발전을 하고 나면 방사성 물질이 생기는데 이것은 인체에 몹시 해로워요. 특히 핵폐기물에 방사성 물질이 다량 포함되어 있지요.

핵폐기물은 핵 발전소에서만 나오나요?

방사성 물질을 다루는 병원이나 공장 등에서도 핵폐기물을 방출해요.

그렇군요. 핵폐기물에도 종류가 있나요?

방사선의 양에 따라 저준위, 중준위, 고준위 핵폐기물로 구분해요. 핵 발전소 이외의 곳에서 나오는 핵폐기물은 대개가 저준위와 중준위예요.

고준위가 가장 위험한 거지요?

방사선 양에 따른 분류

저준위 폐기물
중준위 폐기물
고준위 폐기물

네. 1997년 초 비밀리에 대만이 북한에 저준위 핵폐기물을 수출 계약한 일이 있었는데, 방사선의 세기가 강하지 않다고 해서 그냥 간과해서는 안 되지요.

그런 일이 있었군요. 그런데 핵폐기물은 어떻게 처리를 하나요?

핵 폐기물 받으면 돈을 주지.

대만

어서 오라우~

저준위, 중준위 핵폐기물은 철로 만든 통에 넣어서 시멘트로 응고시킨 상태로 저장한 후, 두터운 콘크리트 저장고에 보관하지요.

고준위 핵폐기물은요?

고준위 핵폐기물에는 플루토늄-239와 같은 원자 폭탄의 재료와 여러 중요 원소가 들어 있기 때문에 그냥 버리지 않고 보관하다가 다양한 용도로 활용하고 있어요.

그렇군요. 핵폐기물은 위험하니까 항상 조심해야겠네요.

나중에 쓸 데가 많다고 ……

고준위 핵 폐기물

핵융합

핵융합은 인류가 알아낸 핵반응 중 가장 높은 에너지를 생산해 내며,
핵분열보다 7배 이상의 에너지를 창출합니다.

핵융합

페르미가 칠판에
'핵융합'을 커다랗게 적고선
여덟 번째 수업을 시작했다.

핵융합의 꿈

핵에너지는 화석 에너지만으로는 메워 주지 못한 에너지를 충실히 메워 주고 있습니다. 그러나 핵에너지는 치명적인 단점을 안고 있지요. 인류에 치명적인 해를 끼칠 수 있는 방사선 문제로부터 자유롭지 못하다는 겁니다.

그러니 방사선을 걱정하지 않으면서 에너지도 핵분열보다 더 많이 내는 과학 기술이 있다면 금상첨화일 겁니다. 그래서 다음과 같은 꿈을 꾸게 되었지요.

핵반응은 핵분열과 핵융합이 있어요.

핵분열과 핵융합은 꼭 왼손과 오른손 같아요.

한쪽은 핵이 나누어지는 반응이고, 다른 한쪽은 핵이 합쳐지는 반응이기 때문에 그렇다는 것이지요.

핵분열을 평화적으로 이용해서 에너지를 얻는 방법은 성공했어요.

그게 원자력 발전이잖아요.

그렇다면 핵융합을 평화적으로 이용해서 에너지를 얻을 수는 없을까요?

그것이 가능하다면 왠지 모르게 그 방법은 방사선 문제도 야기하지 않을 것 같고, 에너지도 핵분열 못지않게 생산할 수 있을 것 같아요.

뉴클리어 퓨전

　융합은 합친다는 뜻이에요. 융합을 영어로는 '퓨전(fusion)'이라고 하는데, 이 단어가 이제는 낯설지가 않지요? 퓨전 음식점이란 간판을 찾아보는 게 어려운 일이 아니잖아요.

　하지만 퓨전이란 용어가 음식이라는 분야에만 한정되어서 빠르게 퍼져 나가다 보니, 퓨전은 미래 지향적인 음식 문화에만 사용하는 것이라는 오해의 소지도 생길 수 있습니다. 퓨전이란 여러 분야의 이질적인 문화나 자연 현상을 합칠 때 두루두루 사용하는 보편적인 용어인데 말입니다.

　물리학에서는 퓨전이란 단어를 핵융합에서 사용하고 있습니다. 핵융합을 영어로 뉴클리어 퓨전(nuclear fusion)이라고

뉴클리어 퓨전=핵융합

하지요.

여기서 사고 실험을 하겠습니다.

핵융합은 원소가 합쳐지는 반응이에요.

원소를 합치려면 무거운 것보다는 가벼운 것이 한결 쉬울 거예요.

원소 중에서 가장 가벼운 것은 수소예요.

그렇다면 수소가 핵융합을 하기에 가장 적당한 원소가 될 거예요.

그렇습니다. 핵융합은 가벼운 원소에서 잘 이루어지고, 핵분열은 우라늄과 같은 무거운 원소에서 잘 이루어지지요. 원소 중에서 가장 가벼운 수소는 그래서 핵융합을 일으키기에 가장 적당한 원소가 된답니다.

핵융합은 가벼운 원소, 핵분열은 무거운 원소에서 잘 이루어져요.

주기율표

가벼운 원소
(수소)

:

무거운 원소
(우라늄)

바람직한 핵융합 반응

대표적인 핵융합 반응은 가장 가벼운 수소끼리 서로 결합해서 그다음으로 가벼운 헬륨을 만드는 핵반응입니다. 여기에는 경수소와 경수소, 중수소와 중수소, 중수소와 삼중수소가 다양하게 결합하지요.

경수소, 중수소, 삼중수소는 양성자 수는 같으나 중성자 수가 다른 수소의 형제들이지요. 우라늄-235와 우라늄-238처럼 말이에요. 이러한 원소를 동위 원소라고 하잖아요.

경수소는 우리가 흔히 말하는 일반 수소를 말해요. 경수소의 질량수는 1로서, 프로튬이라고도 합니다. 중수소는 경수소보다 2배 무겁고 질량수가 2이며 듀테륨이라고 합니다. 삼중수소는 경수소보다 3배 무겁고 질량수가 3이며 트리튬이라고 합니다.

우라늄은 우라늄-238이 대부분을 차지하듯, 수소도 경수소가 거의 대부분을 차지합니다. 수소의 99.985%가 경수소이고, 나머지는 중수소입니다. 삼중수소는 자연 상태에서는 존재하지 않으며 인공적으로만 만들 수 있습니다.

어느 반응이나 다 마찬가지겠지만, 핵융합 반응도 내놓는 에너지가 크고 반응하는 비율이 높으면 높을수록 좋은 겁니다. 그런 면에서 가장 바람직한 핵융합은 삼중수소와 중수소가 합쳐져서 헬륨을 만드는 핵반응이랍니다. 이 반응을 중수소 듀테

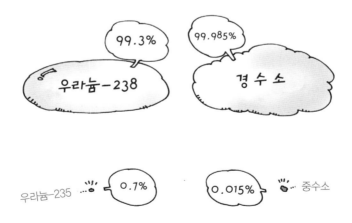

륨(Deuterium)의 첫머리 글자 D와 삼중수소 트리튬(Tritium)의 첫머리 글자 T를 따서 D–T 핵융합 반응이라고 합니다.

D–T 핵융합 반응 : 삼중수소＋중수소 ➡ 헬륨−4＋중성자

여기서 헬륨−4는 질량수가 4인 헬륨을 뜻합니다. 경수소의 질량수는 1이고, 헬륨의 질량수는 4이지요. 그렇다 보니 경수소와 경수소가 한 번 합쳐져서는 헬륨−4를 이루는 핵융합 반응이 가능하질 않아요. 그래서 이 방법은 효율과 에너지와 관련된 문제 때문에 채택하기가 용이하지 못답니다. 경수소와 경수소가 뭉치는 핵융합 반응은 태양과 같은 별의

중수소와 중수소,
중수소와 삼중수소를
합하는 핵반응이
가장 현실적인
핵융합 반응이랍니다.

내부에서 관찰할 수 있습니다. 물리학자들은 중수소와 중수소, 중수소와 삼중수소를 결합하는 반응에서 우리가 꿈꾸는 핵융합을 이루어 내려고 노력하고 있답니다.

핵융합 에너지

수소 핵이 합쳐서 헬륨 핵으로 바뀌지면 적잖은 에너지가 나오게 됩니다. 우라늄 핵이 더욱 작은 원자핵으로 쪼개지면서 무지막지한 에너지를 내놓는 것처럼 말이에요. 아인슈타인의 방정식 $E = mc^2$은 핵분열에서 나오는 에너지뿐만 아니라, 핵융합에서 생기는 에너지도 명쾌하게 설명해 준답니다.

D-T 핵융합 반응을 예로 들어서 아인슈타인의 질량-에너지 등가 원리를 핵융합에 적용하는 방법을 알아보도록 하겠습니다.

삼중수소 + 중수소 ➡ 헬륨 - 4 + 중성자

핵융합 반응 전(삼중수소 + 중수소)과 핵융합 반응 후(헬륨 - 4 + 중성자)의 질량을 계산해 보면, 똑같지 않고 약간의 차이가 난답니다. 이것을 질량 결손이라고 하잖아요. 이 질량 결손을 $E = mc^2$의 질량(m)에 넣어서 계산하면, D-T 반응에서 방출되어 나오는 에너지를 구할 수가 있습니다.

핵융합은 가장 효율이 높은 반응이죠. 인류가 지금껏 알아낸 어떠한 반응도 핵융합보다 많은 에너지를 생산해 내지는 못하고 있습니다. 원자 폭탄과 원자력 발전으로 대변되는 핵분열조차 핵융합보다 에너지 생산율이 떨어지지요.

1kg당 발생하는 에너지는 다음과 같습니다.

우라늄-235 1kg이 핵분열하면서 내놓는 에너지는 200억 kcal쯤이다.

수소 1kg이 핵융합하면서 내놓는 에너지는 1,500억 kcal쯤이다.

같은 1kg이지만, 핵융합이 핵분열보다 7배 이상의 에너지를 창출해 내고 있다는 것을 알 수 있습니다.

핵융합의 어려움과 상온 핵융합

핵융합은 가장 효율이 높은 에너지 반응이지요. 그러나 핵융합은 미완의 핵반응입니다. 아직은 현실화하지 못했다는 뜻입니다.

핵융합 반응을 아직까지 실현시키지 못하고 있는 결정적인 이유는 온도입니다. 핵융합 반응을 하려면 무려 1억 ℃에 가까운 온도가 필요하지요.

여기서 사고 실험을 하겠습니다.

수소가 핵융합 반응을 하려고 달려들고 있어요

핵융합 반응이 이루어지려면 수소 핵들이 서로 뭉쳐야 해요.

그러자면 아주 가까이 접근을 해야 해요.

그런데 수소의 핵은 양(+)의 전기를 띠고 있어요.

같은 전기끼리는 서로 반발하는 힘이 있어요.

그래서 수소 핵이 가까워지면 반발력이 생겨요.

이런 힘을 척력이라고 하잖아요.

이 밀어내는 힘을 이기고 들어가야만 수소 핵이 무사히 합쳐질 수가 있어요.

그러려면 어떻게 해야겠어요?

아주 빨리 뛰어드는 수밖에 없을 거예요.

척력을 이기고 뛰어들어갈 수 있을 만큼 빠른 속도로 말이에요.

수소를 빨리 달리게 하려면 흥분시키면 될 거예요.

열을 받게 해야 한다는 뜻이에요.

열을 받게 하려면 온도를 높여 주면 돼요.

수소 핵이 열을 받아서, 척력을 이기고 합쳐질 수 있을 만

큼의 속도를 내려면 1억 ℃ 남짓한 온도가 필요합니다. 1억 ℃는 어마어마하게 높은 온도이지요. 지구에서는 도달하기가 쉽지 않은 온도입니다. 그래서 핵융합을 상용화하는 데 어려움이 따르는 것이랍니다.

그러나 '토카막'이라고 하는 장치를 이용하면 수천만 ℃가 넘는 초고온 상태의 핵융합 반응을 실험실 범위에서 잠깐잠깐 성공시킬 수 있습니다. 다만 이 정도의 온도를 꾸준히 유지하며, 에너지를 계속적으로 생산해 내는 것이 쉽지 않을 뿐이지요. 그래서 온도를 낮추려는 노력을 과학자들이 계속하고 있답니다.

온도를 낮춘다면 어디까지 낮추면 좋을까요? 우리가 생활하는 온도, 즉 상온 언저리까지 낮출 수만 있다면 더없이 좋을 겁니다. 그래서 상온에서 핵융합 반응을 가능케 하겠다고 불철주야 노력하는 일련의 과학자들이 있습니다.

　실제로, 1980년대 말에서 1990년대 초에는 상온에서 핵융합 반응을 성공했다는 몇몇 연구가 연이어서 발표돼 전 세계가 흥분한 적이 있었는데, 실험으로 확인해 본 결과 사실이 아닌 것으로 판명되었습니다.

　그러나 초고온이든 상온이든, 21세기 안에 핵융합 발전이 성공해서 인류의 차세대 에너지로 확고히 자리 잡으리라는 데 이의를 다는 과학자들은 많지 않답니다.

핵융합의 이점

한국은 석유 한 방울 나지 않는 몇 안 되는 국가 중 하나입니다. 천연자원에서는 복을 받지 못한 국가이지요.

1970년대의 석유 대란은 우리 국민에게 에너지의 중요성을 절실히 깨닫게 해 주었습니다. 자고 일어나면 물가가 치솟는 극심한 혼란을 겪으면서 한국의 많은 이들이 맹물 자동차를 꿈꿨습니다. 석유 대신 우리 주변에 흔하게 널려 있는 물을 에너지로 이용해서 움직이는 자동차를 말이지요.

핵융합 반응은 그 원료가 수소라는 점에서 시사하는 바가 매우 크답니다. 수소는 지구의 $\frac{2}{3}$를 뒤덮고 있는 물에 무진

장 많이 들어 있지요. 그런데다가 우라늄이나 플루토늄 같은 방사성 물질도 아니어서 방사선으로 인한 환경 문제를 전혀 걱정할 필요가 없습니다. 핵분열로 작동하는 원자력 발전과는 차원이 다른 핵반응이지요. 핵융합 반응의 이점을 열거하면 이렇습니다.

첫째: 공해가 없다. 핵융합 반응의 주원료는 수소 즉 물이어서 공해를 걱정할 필요가 없다.

둘째: 원료가 풍부하다. 지구의 태평양, 대서양, 인도양, 서해, 동해, 남해 등 바다는 예외 없이 물로 채워져 있다. 석유나 석탄과는 비교가 되지 않는 양이다.

이 많은 물을 에너지로 쓸 수 있다면 더 없이 좋으련만….

셋째: 비싸지 않다. 수소는 석탄이나 석유에 비해 월등히 싸다.

넷째: 사고시 위험이 극히 적다. 핵융합 반응에서 사용하는 원료는
우라늄과 같은 방사성 원소가 아니다.

이러한 이로운 점을 가지고 있어서 핵융합을 꿈의 에너지라
고 부른답니다. 꿈에서나 가능할 듯싶었던 맹물로 가는 자동
차를 진짜로 가능케 해 주는 진정한 꿈의 에너지인 것입니다.

선생님, 원자력 발전은 핵분열을 이용해서 에너지를 얻는 방법이잖아요.

그런데 원자력 발전을 할 때 방사선 없이 발전하는 건 불가능한 일인가요?

어떨 것 같나요?

저는 왠지 핵융합이 가능하다면 방사선 문제도 야기하지 않을 것 같고, 에너지도 핵분열 못지않게 생산할 수 있을 것 같은데요.

핵융합은 가벼운 원소에서, 핵분열은 무거운 원소에서 잘 이루어지지요.

주기율표
가벼운 원소
[수소]
:
무거운 원소
[우라늄]

이 중 핵융합이 핵분열보다 더 효율이 높은 반응이죠. 이것이 1kg당 발생하는 에너지를 비교한 것이죠.

핵융합이 핵분열보다 7배 이상의 에너지를 창출해 내고 있네요.

우라늄-235 1kg이 핵분열하면서 내놓는 에너지 ⇒ 200억 kcal.
수소 1kg이 핵융합하면서 내놓는 에너지 ⇒ 1,500억 kcal.

하지만 핵융합은 아직은 현실화하지 못한 미완의 핵반응이에요.

미~완~성~

핵융합 반응을 아직까지 실현시키지 못하고 있는 이유는 뭔가요?

결정적인 이유는 바로 온도예요.

온도요?

수소 핵이 합쳐질 수 있을 만큼의 속도를 내려면 1억 ℃ 남짓한 온도가 필요한데, 지구에선 도달하기가 쉽지 않은 온도지요.

그래서 핵융합을 상용화하는 데 어려움이 따르는 것이었군요.

지구에서 이런 온도를 내기 힘들지…후후

1억℃

태양과 수소 폭탄

태양의 내부는 수소가 가득하며, 수소끼리 합쳐서 열을 냅니다.
이와 같은 원리로 수소 폭탄이 만들어졌습니다.

9

태양과 수소 폭탄

페르미가
하늘에 떠 있는 태양을 가리키며
마지막 수업을 시작했다.

태양열의 근원

태양은 왜 빛날까요?

이 의문은 인간의 가장 오래된 질문 가운데 하나입니다. 이 답이 풀린 건 아인슈타인이 질량−에너지 등가 원리 공식을 내놓은 10년 후쯤이니까, 20세기 초반 무렵이었지요.

사고 실험을 해 보겠습니다.

태양은 수소로 가득 차 있어요.

수소는 날아가기 쉬운 물질이에요.

그렇다면 태양은 모양을 이루기가 어려울 거예요.

수소가 제멋대로 날아다닐 테니까요.

그런데 태양은 명확히 둥근 공 모양을 하고 있어요.

그건 무슨 뜻이겠어요?

어떤 힘이 수소가 밖으로 나가지 못하도록 막고 있는 거예요.

그 힘은 태양의 안쪽으로 골고루 향해야 해요.

태양의 안쪽으로 골고루 향한다는 건 태양 중심으로 향한다는 의미
에요.

태양 중심으로 향하는 힘은 태양의 중력이에요.

중력은 가운데로 작용하는 힘이니, 수소가 태양 중심으로 몰려서

태양이 몹시 작아져야 할 거예요.

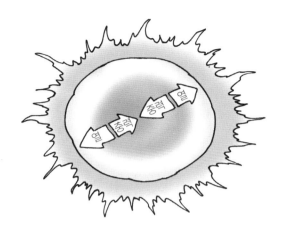

그런데 과연 그런가요?

아니지요, 태양은 작아지지 않고 있어요.

이건 무얼 말하나요?

중력에 맞대응하는 힘이 있다는 뜻이에요.

중력에 맞대응하는 힘은 태양 중심에서 바깥쪽으로 향해야 할 거예요.

태양에서 바깥으로 뻗어 나가는 뜨거운 열이 있어요.

맞아요, 태양의 열기가 가스를 밖으로 내치고 있는 거예요.

그래서 태양의 크기가 줄지 않는 거예요.

그렇다면 태양열의 근원은 무엇인가요?

태양 내부에는 수소가 가득하잖아요.

수소가 타면서 열을 낸다면…….

그래요, 수소끼리 합쳐서 열을 내면 되는 거예요.

수소가 합쳐지는 핵반응, 이것이 바로 핵융합 반응이잖아요.

이렇게 해서 태양열의 근원이 핵융합 반응이고, 태양이 빛나는 원인도 핵융합 반응이라는 사실을 알게 되었습니다. 즉, 핵융합 반응에서 생기는 질량 결손이 태양열과 태양빛의 원인임을 알게 된 것이랍니다.

태양 속 핵융합

태양뿐 아니라 모든 별들이 열을 방출하고 빛을 내는 원리는 핵융합 반응입니다.

태양에서 일어나는 핵융합 반응은 그리 간단치가 않습니다. 다양한 여러 핵융합 반응을 겪게 되는데, 그 반응의 핵심은 4개의 수소(경수소) 원자가 뭉쳐서 하나의 헬륨 원자가 되는 것이랍니다.

경수소 + 경수소 + 경수소 + 경수소 ➡ 헬륨 − 4 + 양전자 + 양전자

이 핵융합 반응의 반응 전과 반응 후에 생기는 질량 결손이 태양열과 태양빛의 실질적인 주체인 겁니다. 태양열과 태양빛의 구체적인 세기가 얼마나 되는지를 알려면, 질량 결손을 아인슈타인의 공식 $E = mc^2$에 넣어서 계산하면 구할 수 있답니다.

우리의 태양은 앞으로 50억 년은 적어도 계속해서 타고 남을 만큼의 충분한 수소를 갖고 있습니다.

수소 폭탄

폭탄에 대한 상상을 해 봅시다.

핵분열의 원리를 이용해서 폭탄을 만들 수가 있지요.
그게 바로 원자 폭탄이잖아요.
그러니 핵융합의 원리를 이용해서도 폭탄을 만들 수가 있을 거예요.
그 폭탄은 원자 폭탄보다 위력이 더 강할 거예요.
핵분열에서 나오는 에너지보다 핵융합에서 나오는 에너지가 더 강하니까요.

여기서 탄생한 폭탄이 바로 수소 폭탄이지요. 그러나 수소 폭탄은 핵융합 원리만으로 작동하는 건 아니랍니다. 핵분열의 도움을 받아야 하지요. 그 이유는 온도에 있어요.
사고 실험을 해보겠습니다.

수소 폭탄의 주재료는 수소의 동위 원소들이에요.

이들이 뭉쳐야 핵융합이 일어나게 돼요.

그러자면 1억 ℃에 육박하는 정도까지 온도를 올려야 해요.

이러한 전제 조건이 이루어지지 못한다면, 핵융합은 절대로 가능하

질 않아요.

그러면 수소 폭탄은 물 건너 간 거나 마찬가지예요.

순간적으로 수천만 ℃ 이상의 초고온을 만들어 줄 수 있는 건 현실

적으로 핵분열 반응 밖에는 없어요.

그래서 수소 폭탄을 터뜨리기 위해서는 핵분열 반응의 도움을 받아

야 하는 거예요.

수소 폭탄은 중심에 주재료를 놓고, 그 둘레로 원자 폭탄을 배치합니다. 원자 폭탄을 점화하면 거대한 핵폭발이 일시에 일어나서 핵융합 반응이 일어날 수 있는 온도까지 순식간에 이르게 되지요. 그러면 중심에 있는 수소 폭탄의 재료들이 뭉쳐지면서 무지막지한 핵융합 에너지를 내놓게 되는 겁니다. 이것이 바로 수소 폭탄의 폭발 원리입니다.

원자 폭탄만으로도 지구를 산산조각 낼 수가 있지요. 그런데도 기어이 수소 폭탄까지 만들어 내고야 만 20세기 중반, 냉전 시대의 기억이 우리를 가슴 아프게 합니다. 인류에게 재앙이 아닌, 복이 되는 선물로 핵분열과 핵융합을 이용하도록 우리 모두 노력해야 하겠습니다.

원자 물리의 아버지
페르미 Enrico Fermi, 1901~1954

　페르미는 이탈리아의 로마에서 태어났으며, 소년기를 평범한 가정에서 가족들과 함께 화목하게 보냈습니다. 일찍부터 과학과 수학에 재능을 보였고, 1918년 피사의 왕립 고등사범 학교에 들어가 학위를 얻었습니다. 그 후 괴팅겐 대학과 레이덴 대학에서 공부하여 1922년 갓 20세를 넘긴 나이에 물리학 박사 학위를 받았습니다.

　페르미는 1924년 피렌체 대학교에서 역학과 수학 강사로 일하였습니다. 이후 페르미의 능력을 인정한 로마 대학은 1926년 그를 이론 물리학 교수로 영입하며 종신 교수직을 주었고, 1929년에는 이탈리아의 왕립 아카데미의 역대 최연소

회원이 되는 영예를 안았습니다.

그런데 문제가 생겼습니다. 이탈리아의 독재자 무솔리니가 독일의 히틀러와 동맹을 맺으면서 반유대주의 운동이 퍼진 것입니다. 페르미는 이탈리아 인이었지만, 그의 아내는 유대인이었습니다. 그들 가족은 1938년 페르미가 노벨 물리학상을 수상한 해 이탈리아를 떠나 미국으로 망명했습니다.

미국에서 그는 컬럼비아 대학의 교수가 되었으며, 그곳에서 중성자 연구에 전념하였습니다. 그 후 맨해튼 계획에도 참여하였으며, 시카고 대학 교수로도 있었습니다.

페르미가 원자 물리학에 끼친 업적은 너무도 크답니다. 그래서 물리 이론 곳곳에 그의 이름을 따서 붙이고 있습니다. 페르미 통계를 따르는 입자는 페르미온(페르미 입자), 100번째 원소는 페르뮴, 핵물리학에서 사용하는 작은 길이는 페르미라고 부릅니다. 그리고 시카고에는 세계적으로 유명한 연구소인 페르미 가속기 센터가 설립되었습니다.

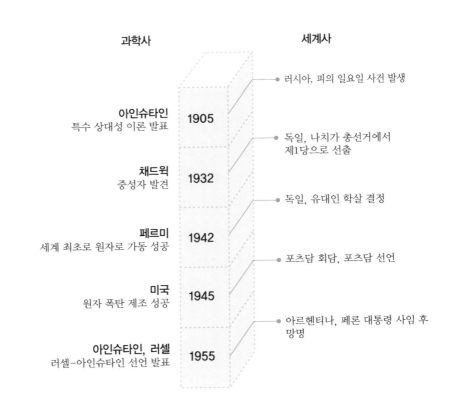

과학 연대표
언제, 무슨 일이?

과학사   세계사

● 러시아, 피의 일요일 사건 발생

아인슈타인   **1905**
특수 상대성 이론 발표

● 독일, 나치가 총선거에서
  제1당으로 선출

채드윅   **1932**
중성자 발견

● 독일, 유대인 학살 결정

페르미   **1942**
세계 최초로 원자로 가동 성공

● 포츠담 회담, 포츠담 선언

미국   **1945**
원자 폭탄 제조 성공

● 아르헨티나, 페론 대통령 사임 후
  망명

아인슈타인, 러셀   **1955**
러셀-아인슈타인 선언 발표

체크, 핵심 내용
이 책의 핵심은?

1. 핵반응에는 핵분열과 ⬜⬜⬜ 반응이 있습니다.
2. 핵 ⬜⬜ ⬜⬜ 은 중성자가 원자핵과 충돌하고 2, 3개의 중성자를 새로이 방출하면서 핵반응을 이어 가는 반응입니다.
3. ⬜⬜⬜ 은 질량수가 큰 원자핵이 질량수가 비슷한 2개의 원자핵으로 나누어지는 것입니다.
4. 핵반응의 전과 후 사이에 생기는 질량 차이를 ⬜⬜ ⬜⬜ 이라고 합니다.
5. 중성자의 수를 조절해서 연쇄 반응이 급격히 진행하지 않도록 하기 위해 카드뮴이나 붕소로 ⬜⬜⬜ 을 만듭니다.
6. 핵융합 반응의 대표적인 예는 ⬜⬜ 가 결합해서 헬륨을 만드는 반응입니다.

1. 핵융합 2. 연쇄 반응 3. 핵분열 4. 질량 결손 5. 제어봉 6. 수소

이슈, 현대 과학
북한의 지하 핵실험 탐지

북한이 지하에서 핵실험을 했는지의 여부는 지진파 탐지기와 정찰기 등등으로 확인을 합니다.

한국지질자원연구원의 지진 연구센터는 한반도 전역에서 일어나는 지진을 감지하고 분석하는 기관입니다. 이곳에서는 북한이 핵실험을 했는지를 확인하는 작업도 함께 하고 있습니다. 핵실험으로 생긴 지진파는 지진파 감지기로 검출해 낼 수 있습니다.

북한이 지하 1km에서 핵실험을 한다면 진폭이 큰 지진파가 발생한답니다. 예를 들어, 북한이 보유하고 있을 것으로 예측되는 플루토늄 핵폭탄으로 핵무기 실험을 한다면, 진도 3.8~4.5 정도의 지진파가 생긴다는 게 전문가들의 생각입니다.

한국지질자원연구원은 북한의 핵실험 여부를 밀착 감시하

기 위해 휴전선 인근에 최전방 관측소를 설치해 운영하고 있습니다. 이곳에서는 핵실험으로 생기는 미세 파동 하나까지 놓치지 않고 탐지하려고 노력을 기울이고 있습니다.

우리 측 최전방 지진 관측소로부터 50~60km쯤 떨어진 거리에서 북한이 지하 핵실험을 했다면 지진파 검출 장치를 동원해 몇 분 안에 핵실험을 했다는 증거를 확보할 수 있다고 합니다. 그러나 그 거리가 200km 이상이 되면 데이터 분석 작업에 다소 시간이 걸려서 핵실험 여부를 가리는 데 2~3시간가량이 걸린다고 합니다.

대한민국의 정보 당국은 1990년대부터 함경북도 길주군을 비롯해 평안북도 천마산 등을 북한의 주요 지하 핵실험 장소로 판단하고 하루도 감시를 늦추지 않고 있는 것으로 알려져 있습니다.

지하에서 핵실험을 하면 공중으로 방사성 물질이 올라옵니다. 평상시에는 없는 방사성 성분이 대기 중에 포함되어 있다면 핵실험을 한 증거가 됩니다. 이 업무는 정찰기가 합니다. 상공으로 띄운 정찰기가 대기 속의 방사능 성분을 철저히 분석해서 핵실험 여부를 판단하는 것입니다.

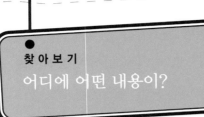

찾아보기

어디에 어떤 내용이?